Christian Keller / Christian Kastrup

Wissensmanagement

Wissen organisieren –
Wettbewerbsvorteile sichern

POCKET BUSINESS

Cornelsen

Verlagsredaktion: Annette Preuß
Technische Umsetzung: Holger Stoldt, Düsseldorf
Umschlaggestaltung: Ellen Meister, Berlin
Titelfoto: Karin Slade / gettyimages®

Informationen über Cornelsen Fachbücher und Zusatzangebote:
www.cornelsen-berufskompetenz.de

1. Auflage

Druck: Druckhaus Berlin-Mitte GmbH

ISBN 978-3-589-21928-5

Inhalt gedruckt auf säurefreiem Papier aus nachhaltiger Forstwirtschaft.

Inhalt

Einführung

Der Umgang mit Wissen ist vermutlich so alt wie die Menschen selbst. Ohne Wissen kein erlegtes Mammut, keine Gewürze aus dem Orient und sicherlich würde auch Amerika ohne Wissen über den Schiffsbau noch heute auf seine Entdeckung warten. – Wissensmanagement also eine Uralt-Disziplin?
Ja. Aber auch nein. Was heute unter Wissensmanagement verstanden wird, findet sich in Ansätzen auch in der Vergangenheit: Bekannt sind beispielsweise Wissensstrategien, wenn es um die Weitergabe von Wissen geht. Der Geigenbaumeister gibt sein Wissen nur an seinen (ausgewählten) Gesellen weiter; bei der „Heilerin“ wird Wissen nur innerhalb der Familie (Mutter auf Tochter, Vater auf Sohn) weitergegeben.

Das Neue am Wissensmanagement ist die Perspektive, mit der man heute auf den Gegenstand Wissen schaut: Wissen wird als Ressource verstanden (wie Geld, Landbesitz oder Maschinen), der Wissensbegriff wird wissenschaftlich untersucht und der Umgang mit Wissen wird systematisch betrachtet.

Das Wissen über den Umgang mit Wissen mehrt sich! Und es mehrt sich aus unterschiedlichen Blickwinkeln: Betriebswirte, Pädagogen, Psychologen, Technologen – alle beschäftigen sich aus ihrer spezifischen Perspektive mit Wissensmanagement.
Die Gründe, warum man sich heute so intensiv mit Wissensmanagement auseinandersetzt, sind vielfach kommuniziert und publiziert worden: globaler Wettbewerb, Standortfaktoren eines Hochlohnlandes und die bestehende öffentliche Verfügbarkeit von Wissen und Informationen infolge der technologischen Entwicklungen.

Warum Wissensmanagement?

Ob im gesellschaftlichen, politischen oder wirtschaftlichen Rahmen – im Grundsatz ist man sich einig: Wir befinden uns auf der Autobahn zur Informations- bzw. Wissensgesellschaft. Und es gilt jetzt, den „Karren“ für diese Fahrt flott zu machen.

Wissen ist der Standortfaktor Nummer 1 für ein Land wie die Bundesrepublik. Wichtige Stellglieder für das Bestehen im globalen Wettbewerb sind die (Aus-)Bildung, die Forschung und Entwicklung, aber auch die Nutzung von Erfahrungen, wenn es beispielsweise um das Ausscheiden von Mitarbeitern geht.
Ein erfolgreiches Unternehmen zeichnet sich im internationalen Wettbewerb dadurch aus, dass es seinen Umgang mit Wissen und Informationen effizient und effektiv gestaltet und hierbei Alleinstellungsmerkmale gegenüber dem Wettbewerb erzielt.

Nehmen wir das Beispiel eines Händlers von Schrauben: Standardprodukte können heute bequem über das Internet auf einer x-beliebigen Einkaufsplattform verglichen und bestellt werden. Viel wichtiger ist daher für den regionalen Händler nicht der Verkauf der Schraube, sondern die begleitende Beratungsdienstleistung, die nicht ohne Weiteres über das Internet bezogen werden kann. Hierzu gehört es, die spezifischen Anforderungen des Kunden zu verstehen, mit bestehenden Lösungen abzugleichen und daraus eine individuelle Lösung zu entwickeln, ggf. gemeinsam mit dem Schraubenhersteller.
Für den Händler gehört hierzu Wissen über die Prozesse des Kunden, über seine eigenen Produkte, aber auch Kompetenzen zur Lösungsfindung und Beratung. Das heißt, der Händler wandelt sich zum „Wissensarbeiter“: Er recherchiert Informationen, vergleicht mit seinen Erfahrungen, entwickelt neues Wissen.
Die Wissensorganisation des Schraubenherstellers unterstützt ihn, stellt Produktspezifika und Fachwissen bereit und bietet dem Händler Fach- und Vertriebsschulungen an.

> Je organisierter und reibungsloser das Zusammenspiel zwischen „Wissensarbeiter“ und „Wissensorganisation“ ist, umso erfolgreicher der Schraubenverkauf.

Welche Bedeutung derartige Veränderungen für Unternehmen und ihre Mitarbeiter heute schon haben, zeigen aktuelle Studien. Die Gestaltung dieser Veränderungsprozesse ist eines der Top-Themen. Einem funktionierenden Wissensmanagement kommt dabei eine ganz entscheidende Bedeutung zu.

Die Veränderung der Unternehmen ist zum Großteil auch eine Veränderung ihrer Mitarbeiter. Die meisten werden heute nicht für ihre „Handarbeit“ entlohnt, sondern für ihre intellektuellen Fähigkeiten. Aus dem Arbeiter und Angestellten wird der oben bereits angesprochene Wissensarbeiter: ein Mensch, der es versteht, mit Informationen und Wissen umzugehen, der professionell recherchiert, Informationen auswertet und gleichzeitig in der Lage ist, sein Wissen anderen zu vermitteln und dabei zu teilen. Diese Fähigkeiten müssen erworben und trainiert werden.
Die erwähnten Studien und die Realität zeigen aber auch, dass man in der Umsetzung von Wissensmanagement bei den Mitarbeitern und in Unternehmen an vielen Stellen noch am Anfang steht.

Zu diesem Buch

Wissensmanagement kann sich auf unterschiedliche Systeme beziehen: auf ein Individuum, (persönliches Wissensmanagement), auf eine Organisation oder auch auf Akteure einer Region, einer Fachdisziplin oder Branche (Wissensmanagement in Netzwerken).

Dieses Buch beschäftigt sich im Schwerpunkt mit Organisationen und gibt im vierten Kapitel Hinweise für das persönliche Wissensmanagement.

Hierbei werden die grundlegenden Begriffe und Modelle erläutert und es wird für die Zusammenhänge zwischen Mensch, Organisation und Technologie sensibilisiert. Durch eine Vielzahl von Praxisbeispielen wird ein Überblick über die konkreten Ansatzpunkte und Themen des Wissensmanagements gegeben. Dabei sollen die Beispiele ausdrücklich zur Nachahmung anregen.

1 Grundlegende Begriffe und Modelle

Mehr wissen über den Umgang mit Wissen

Der Umgang mit den grundsätzlichen Begrifflichkeiten im Wissensmanagement ist mit einer Reihe von Missverständnissen verbunden (z.B. Abgrenzung der Begriffe Daten, Informationen, Wissen oder Wissensmanagement = Technologie), die allzu oft die Diskussionen zum Thema bestimmen. Es sollte daher Klarheit darüber bestehen, um was für einen facettenreichen und gleichzeitig schwer zu fassenden Gegenstand es hier eigentlich geht und wie man diesen überhaupt managen kann. Hierzu wird in die bestimmenden Modelle eingeführt.

1.1 Wissen und Co.

Es ist vor allem Michael Polanyi zu verdanken, dass der Blick auf den Gegenstand Wissen differenzierter geworden ist. Wissen ist nach ihm nicht nur etwas, worüber man berichten kann, sondern Wissen enthält ebenso einen „sprachlosen Anteil" – man unterscheidet zwischen explizitem und implizitem Wissen. Doch wie entsteht Wissen?

Ein gut strukturiertes Modell bietet die Wissenstreppe. Wissen ist hier ein Produkt kleiner Bausteine, die einem Prozess folgen. Die kleinsten Bausteine sind die Zeichen, wie beispielsweise einzelne Ziffern. Werden diese Zeichen in Beziehung gesetzt, fügt man eine Syntax zu, entstehen Daten, z.B. eine Zahl. Erscheint diese Zahl auf der Anzeige eines Messinstrumentes, gibt man der Zahl also eine Bedeutung, ergibt sich daraus für den Ableser eine Information.

Beispielsweise beträgt der Luftdruck des Autoreifens 2,7 bar. Verbindet sich diese Information über den Reifendruck mit den Erfahrungen des Ablesers über den korrekten Luftdruck eines Autoreifens, so entsteht Wissen darüber, dass der Reifen noch ca. 0,3 bar Luft für einen idealen Fahrbetrieb benötigt.

Anders ausgedrückt: Wissen entsteht durch den Einbau von Informationen in Erfahrungskontexte (Wilke).

Deutlich wird hierbei auch die Bedeutung des Menschen. Um neues Wissen zu entwickeln, treffen Informationen auf Erfahrungskontexte, treffen Informationen auf einen denkenden Menschen.

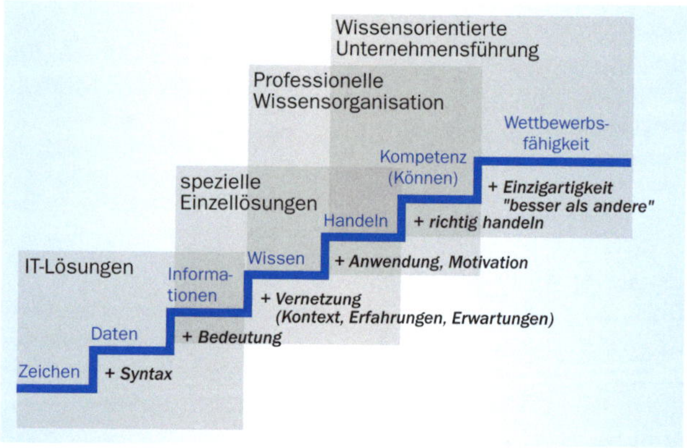

Abb. 1: Wissenstreppe (vgl. North 1998, S. 41)

Gültigkeit von Wissen

Eine wichtige Frage, die im Umgang mit Wissen immer auftaucht, ist die nach der Gültigkeit von Wissen. Einen Hinweis darauf liefert die Formel:

Die Gültigkeit wird umso größer, je ausdifferenzierter die Erfahrungskontexte sind.
Beziehen sich die Erfahrungskontexte auf festgelegte Normen und Regeln, wie in dem Reifenbeispiel, ist die Antwort eindeutig. Anders verhält es sich beispielsweise bei der Vorhersage von Wetter. Aktuelle Informationen verbinden sich hier mit den Erfahrungswerten vergangener Jahre (komplexe Rechenalgorithmen oder der alte Bauernkalender) und ergeben Wissen mit einer mehr oder minder hohen Prognosesicherheit.

Explizites und implizites Wissen lässt sich gut beschreiben anhand von „Aggregatzuständen" des Wissens:

- fest und damit fassbar wie beispielsweise Eis,
- flüssig und einfangbar wie Wasser
- oder schwer bis unfassbar wie Wasserdampf.

Explizites Wissen ist „fest": Es kann verbalisiert und artikuliert werden. Es ist beschreibbar, formalisierbar und zeitlich stabil (vgl. Bullinger et al.). Außerdem ist es in Dokumentationen, Datenbanken, Patenten, Produktbeschreibungen etc. auffindbar. Damit ist explizites Wissen nicht an den Menschen gebunden.
Ein weiteres Merkmal von explizitem Wissen ist seine Bewusstseinsfähigkeit: Das Wissen über den richtigen Reifendruck lenkt mein Bewusstsein, ich erhöhe den Reifendruck.

Im Gegensatz zum expliziten Wissen ist implizites Wissen schwerer zu fassen. Es ist weder in Büchern noch in einer Datei vorzeigbar. Es lässt sich als personengebundene Einsichten und Intuitionen beschreiben, derer sich der „Besitzer" teilweise gar nicht bewusst ist.
Eine Handlung korrekt auszuführen, bedeutet nicht zwangsläufig, sie auch explizit erklären zu können, wie beispielsweise grammatikalisch richtiges Sprechen. Kaum jemand hat

ein vollständig explizites Verständnis über die korrekte Satzbildung, dennoch ist nahezu jeder in der Lage, korrekte Sätze zu sprechen. Man „fühlt“ den richtigen Satz. Dieses „Fühlen“ ist schwer zu fassen, vergleichbar mit einem gasförmigen Zustand.

Eine Aufgabe von Wissensmanagement besteht darin, Übergänge zwischen den Aggregatzuständen zu schaffen, also „gasförmiges“, implizites Wissen so weit zu „verdichten“, dass es explizit wird, also beispielsweise die Regeln zu identifizieren, warum ein Satz grammatikalisch korrekt ist.

Explizites Wissen kann nur dann als wahr und richtig erkannt werden, wenn es auf dahinterliegende implizite Wissensstrukturen beziehbar ist. Implizites Wissen bildet die notwendige Grundlage zum Aufbau expliziter Wissensinhalte.

Eigene Umfragen zeigen, dass der implizite Wissensanteil in einer Organisation zumeist deutlich größer ist als der explizite. Um es zu veranschaulichen, bedient man sich des Eisbergmodells: Ein kleiner, sichtbarer Wissensanteil, der explizite, liegt über der Wasseroberfläche. Der weitaus größere, implizite, befindet sich im Verborgenen, unter der Oberfläche.

Abb. 2: Eisbergmodell

1.2 Wissensmanagement und Wissenserzeugung

> „Man kann Wissen nicht managen, so wie man Patriotismus, Liebe oder seine Kinder nicht managen kann. Aber man kann ein Umfeld schaffen, in dem Wissen gedeiht.“ (Larry Prusak)

Managen bedeutet planen, leiten, Ziele erreichen. Im Rahmen von Wissensmanagement wird der Umgang mit Wissen geplant und geleitet. Es existiert eine Vielzahl an Definitionen. Eine sehr umfassende Definition ist: „Wissensmanagement beschäftigt sich mit der Gestaltung der Wissensbasis eines Unternehmens. Unter der Wissensbasis eines Unternehmens werden alle Daten und Informationen, alles Wissen und alle Fähigkeiten verstanden, die diese Organisation zur Lösung ihrer vielfältigen Aufgaben benötigt.“ (Vgl. Wikipedia, November 2008)
Dabei liegt der Einfluss auf die Wissensbasis eines Unternehmens darin, sie auf drei Ebenen zu erweitern: auf der individuellen, kollektiven und organisationalen Ebene.

Abb. 3: Entwicklung der Wissensbasis (vgl. Probst/Raub/Romhardt 2003, S. 15)

Eine der effizientesten Methoden, Wissen zu vermehren, ist, es zu teilen. Die Besonderheit:

> Wissen ist eine Ressource, die sich durch Teilen vermehrt und nicht vermindert.

Die Wissensteilung ist daher einer der wesentlichen Prozesse des Wissensmanagements. Dabei geht es nicht nur um das Teilen von expliziten Wissensbeständen, wie z.B. dem Austausch von Dokumenten, sondern im besonderen Maße um das Teilen von implizitem Wissen.
Um dies zu erreichen, muss implizites Wissen in explizites Wissen umgewandelt werden. Man spricht vom Externalisieren.

Zur Darstellung der Wissenserzeugung eignet sich das SECI-Modell (Socialization, Externalization, Combination, Internalization), das von den Japanern Ikujiro Nonaka und Hirotaka Takeuchi vorgestellt wurde.

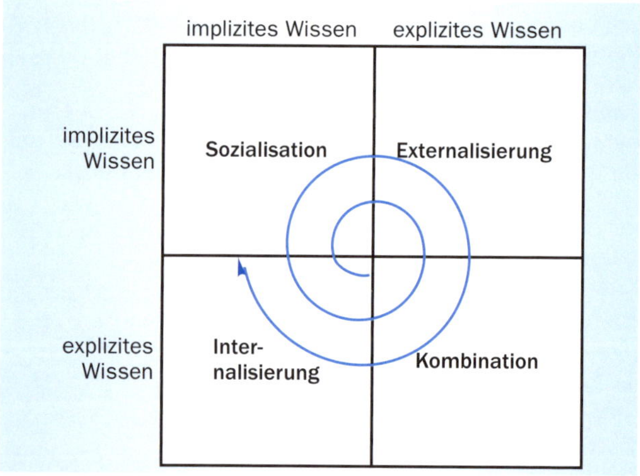

Abb. 4: SECI-Modell (vgl. Nonaka/Takeuchi 1997, S. 46)

Praktisch findet diese Art der Wissenserzeugung in jeder Projektnachbesprechung statt, wenn es beispielsweise um Projekterfahrungen geht, die durch einen mündlichen Bericht (Externalisierung) für andere Projekte sicht- und nutzbar gemacht werden.

1.3 Die drei Säulen des Wissensmanagements: Mensch, Organisation, Technologie

Neben der Umwandlung von implizitem in explizites Wissen sind es insbesondere Organisationsaufgaben und der sinnvolle Einsatz von technologischen Hilfsmitteln, die das Wissensmanagement ausmachen.
Um bei obigem Beispiel zu bleiben: Die Projektnachbesprechung muss organisiert sein, es sollte ein „Wissensdokument" erzeugt werden und dieses Dokument sollte auf einer technologischen Plattform (Intranet, Netzwerk) abgelegt sein, damit Interessierte einen Zugang zu den Projekterfahrungen haben.

Das Zusammenspiel von Mensch, Organisation und Technologie ist dabei die Herausforderung, vor der das Wissensmanagement steht. Und oftmals ist es die Frage nach dem Huhn oder dem Ei: Was war zuerst? Was muss zuerst vorhanden sein? Sollen in einem ersten Schritt organisatorische Maßnahmen zum Wissenserhalt definiert oder sollte zunächst eine technologische Plattform angeschafft werden, auf der bequem Wissensdokumente abgelegt werden? Oder ist es ratsam, zu Beginn an der Motivation der Mitarbeiter zur Wissensteilung zu arbeiten?

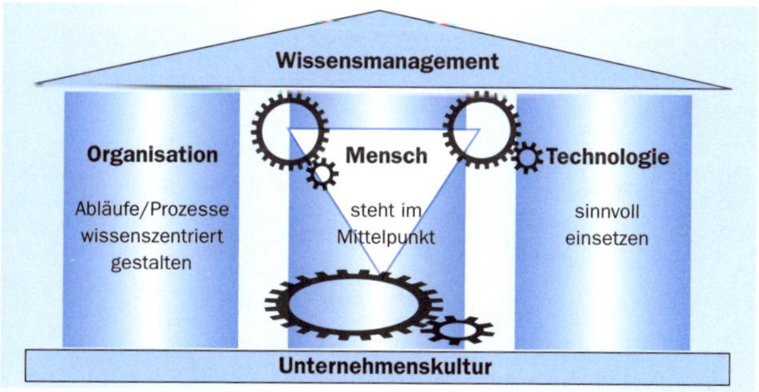

Abb. 5: Drei Säulen des Wissensmanagements

Gerade wegen des hohen Anteils impliziten Wissens in einer Organisation sind die Menschen, die Mitarbeiter, im Wissensmanagement von zentraler Bedeutung. Ohne ihre Motivation zum Wissenstransfer funktioniert kein Wissensmanagement.
Dabei sind es die gelebten Werte und Regeln eines Unternehmens bzw. einer Gruppe, die über den Erfolg entscheiden. Der produktive Umgang mit Wissen setzt ein hohes Maß an Vertrauen in den Wissensempfänger voraus.

> Kündigt das Unternehmen einem Mitarbeiter, nachdem er bereitwillig sein Wissen dokumentiert hat, sind dies schlechte Voraussetzungen für einen vertrauensvollen Umgang mit Wissen und Informationen. Es ist ein Signal für die noch beschäftigten Mitarbeiter, vorsichtig mit ihrem Wissen umzugehen.

1.4 Kernaktivitäten im Umgang mit Wissen

Welche organisatorischen Aufgaben im Wissensmanagement zu erledigen sind, beschreiben die Bausteine des Wissensmanagements nach Probst/Raub/Romhardt.

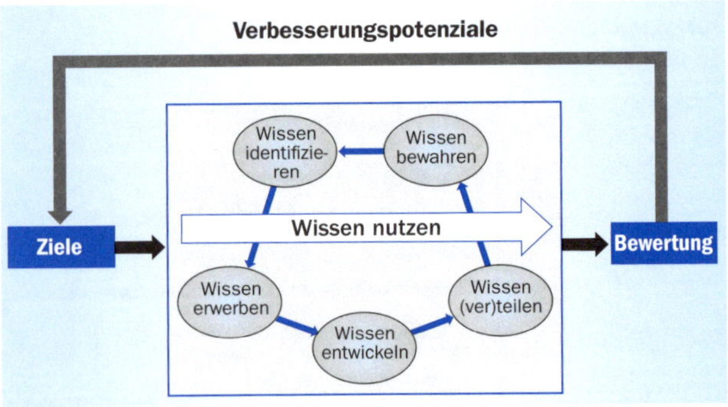

Abb. 6: Wissenskreislauf (vgl. Probst/Raub/Romhardt 2003, S. 32)

Jedes Wissensmanagement braucht ein Ziel. Dabei können die Ziele unterschiedliche Ausprägungen haben: Sie können beispielsweise normativer Natur sein, d.h., die Organisation beschreibt ihr Leitbild und dabei insbesondere den Umgang mit Wissen und Informationen, z.B.: „Wissen ist Allgemeingut und soll allen zur Verfügung stehen."
Es kann auch strategische Ziele geben, beispielsweise der Aufbau einer bisher nicht vorhandenen Kompetenz, um eine neue Technologie zu beherrschen.
Ein Ziel kann auch einen eher operativen Charakter haben: die Rekrutierung von externen Kompetenzträgern oder der Kauf eines Unternehmens, welches die benötigte Kompetenz besitzt; aber auch Maßnahmen wie die Einführung eines Intranets für den besseren Dokumentenaustausch fallen hierunter.

Im inneren Handlungskreislauf finden konkrete Wissensaktivitäten statt. Jeder Baustein erfüllt hierbei eine konkrete Aufgabe. Zumeist werden mehrere Bausteine in einer Wissensmanagement-Maßnahme kombiniert. Bei dem Beispiel der Einführung eines Intranets verbinden sich unter anderem „Wissen bewahren" und „Wissen (ver)teilen".

Konkret verbirgt sich Folgendes hinter den einzelnen Wissensbausteinen:

- Wissen identifizieren heißt, Transparenz über das bestehende (explizite/implizite) und fehlende Wissen der Organisation zu schaffen. Beispiel: Um für eine Aufgabe, die spezifische Kompetenzen erfordert, den Fachmann bzw. die Fachfrau zu finden, ist es insbesondere bei großen oder dezentral organisierten Unternehmen wichtig, dass Transparenz über die bestehenden Kompetenzen der Mitarbeiter herrscht.

- Wissen erwerben bedeutet, Wissen von außen in die Organisation hereinzuholen. Dies kann durch neue Mitarbeiter geschehen, die über Wissen verfügen, das bisher nicht in der Organisation vorhanden war (Beherrschung einer neuen Technologie), oder durch die systematische Nutzung von Kunden- oder Lieferantenwissen.

Der Wissenserwerb ist die Schnittstelle nach außen und wesentlich für das Bestehen im Wettbewerb.

- Wissen entwickeln bedeutet, neues Wissen in der Organisation zu schaffen, also Forschung und Entwicklung zu betreiben – im Großen wie im Kleinen. Ergebnis der Wissensentwicklung sind neue Produkte, optimierte Prozesse, innovative Dienstleistungen oder auch nur eine neue Methode, durch die interne Meetings effizienter gestaltet werden können.

- Wissen verteilen sieht organisatorische Maßnahmen zum Austausch von Dokumenten (explizitem Wissen) oder Erfahrungen (implizitem Wissen) vor. Der Einsatz von Technologie spielt hierbei eine wesentliche Rolle.

- Wissen nutzen soll deutlich machen, dass die gesamten Wissensmanagement-Maßnahmen nur dann einen Sinn (für die Organisation) ergeben, wenn Wissen auch wirklich angewendet und somit produktiv wird. Hier gibt es eine Vielzahl von Nutzungsbarrieren, z.B. die Zeit: Aus vermeintlichem Zeitmangel wird z.B. darauf verzichtet, aktiv die Wissensbestände der Organisation nach Lösungsmöglichkeiten für eigene Problemstellungen zu durchsuchen. Häufig findet daher Doppelarbeit statt („das Rad wird neu erfunden“).

- Wissen bewahren ist insbesondere dann von großer Bedeutung, wenn beispielsweise Projekte abgeschlossen werden und die Erfahrungen gesichert werden sollen. Die Wissensbewahrung ist auch dann von großer Bedeutung, wenn Mitarbeiter das Unternehmen verlassen und somit dem Unternehmen ein Wissensverlust droht.

Ob die gesetzten Ziele durch Wissensmanagement-Maßnahmen erreicht wurden, ist Aufgabe der Bewertung. Hierbei ist das Erreichen normativer, strategischer und operativer Ziele zu beurteilen. Sind im Vorfeld die entsprechenden Kenngrößen definiert worden, findet nun der Abgleich statt.
Das Erreichen normativer Ziele kann durch eine Mitarbeiterbefragung oder Kulturanalyse geschehen, das Erreichen strategischer Ziele lässt sich daran erkennen, ob die angestrebte Kompetenz erreicht wurde, das Erreichen operativer Ziele ist zumeist sehr konkret und daher gut zu bewerten: Das Intranet ist eingerichtet und das Nutzungsverhalten entspricht den festgelegten Zielen.
Eine Möglichkeit der Bewertung einer Wissensorganisation ist die Erstellung einer Wissensbilanz.

1.5 Wissen messen

Eine der größten Herausforderungen im Wissensmanagement ist die Entwicklung von Messverfahren. Gerade die Definition von „Ursache-Wirkung"-Beziehungen macht die Entwicklung so schwierig.
Da man viele verschiedene Aktivitäten messen kann, ist immer die Frage, was die Ergebnisse der Messung bedeuten, ob sie in einem unbestreitbaren Zusammenhang mit den ergriffenen Wissensmanagement-Maßnahmen stehen. Wie verlässlich und aussagekräftig können die gewonnenen Zahlen sein?

Sowohl interne als auch externe Entwicklungen zwingen Organisationen dazu, sich darüber Gedanken zu machen, wie sie mit ihrem Wissen umgehen. Beispiele:

- Die Unternehmensführung will den finanziellen Nutzen (Return on Investment – ROI) von Wissensmanagement-Aktivitäten wissen.
- Angestellte Wissensarbeiter möchten wissen, was die Organisation ihnen zur Weiterentwicklung ihrer Fähig-

keiten und zur Steigerung ihres Marktwertes anbieten kann.

- Kunden und Lieferanten erwarten, dass sie vom kollektiven Wissen der Organisation profitieren.
- Finanzpartner erwarten, dass Wissen als substanzieller Teil des Firmenwertes sorgfältig gemanagt wird.

Was kann gemessen werden?

Der „Wert" von Wissen hängt davon ab, wie Wissen eingesetzt wird. Manches Wissen kann in bestimmten Situationen wertvoll sein, in anderen aber wertlos.

> Das Wissen über den Ausgang eines Fußballendspiels ist so lange ohne Wert, bis in einer Wissensshow genau diese Frage zum Hauptgewinn führt.

Das Messen (des Werts) von Wissen und Wissensmanagement kann daher nie hundertprozentig eindeutig sein, da es fast immer wechselseitige Abhängigkeiten zu anderen Aktivitäten gibt und die Wissensproduktion oft nicht gleichzeitig Ort seiner profitablen Verwertung ist.

Die Notwendigkeit einer objektiven Bemessung des Werts von anwendbarem Wissen und der Auswirkungen von Wissensmanagement-Aktivitäten ist hingegen unbestritten. In jüngster Vergangenheit hat sich die Bewertung des intellektuellen Kapitals (Intellectual Capital – IC) als geeigneter Ansatz hervorgetan. Das IC beschreibt das Wissen der Mitarbeiter ebenso wie Daten und Informationen über Prozesse, Experten, Produkte, Kunden und Mitbewerber, Patente und Lizenzen. Das IC besteht aus Verständnis, Einsichten und Technologien, die zu Innovationen, Neuentwicklungen und zur Wertsteigerung der Organisation führen.

Mit Hilfe des intellektuellen Kapitals ist eine Organisation in der Lage, kommerzielle Werte zu schaffen.

Der Wert dieses Kapitals kann oft abgelesen werden an der Differenz zwischen Buchwert und Marktwert von börsennotierten Unternehmen.

Üblicherweise wird zwischen drei Formen von IC unterschieden:

- Humankapital (Human Capital – HC) besteht aus Fertigkeiten, Talenten, Wissen und Expertise aller Mitarbeiter. Es kann als die kollektive Fähigkeit der Organisation bezeichnet werden, mit Hilfe des Wissens und der Fähigkeiten einzelner Mitarbeiter die bestmöglichen Lösungen für ihre Kunden zur Verfügung zu stellen.

- Strukturkapital (Structural Capital – SC) kann als Wissen bezeichnet werden, das in Form von Strukturen, Prozessen und (den objektivierten Aspekten) der Unternehmenskultur quasi institutionalisiert wurde. Dazu gehören Patente, Urheberrechte, eigene Software, Geschäftsgeheimnisse und allgemeines Organisationswissen etc. Es kann in Form von Dokumentierungsverfahren, Datenbanken, Expertensystemen, Softwaresystemen zur Unterstützung von Entscheidungsprozessen und Wissensmanagement-Systemen festgehalten sein.
  Das SC wird auch durch Beziehungen zu Lieferanten, Regierungen und Investoren aufgebaut. SC ist das, was zurückbleibt, wenn alle Mitarbeiter nachhause gegangen sind, und kann daher als eigentlicher Besitz der Organisation angesehen werden.

- Kundenbeziehungskapital (Customer Capital – CC) bezieht sich auf das Netzwerk einer Organisation mit ihren zufriedenen Kunden und deren Loyalität gegenüber dieser Organisation.
  Der Wert des Beziehungskapitals einer Organisation kann gemessen werden an der Anzahl und Qualität der über einen längeren Zeitraum hinweg aufgebauten Beziehungen mit Klienten – es ist deren Vertrauen in die

Produkte und Dienstleistungen einer Organisation, das Wert hat.

Ein Kernanliegen von Wissensmanagement ist die Vermehrung des intellektuellen Kapitals, weil das IC Auswirkungen auf die zukünftige finanzielle Lage einer Organisation haben kann.
Weil effektives Wissensmanagement normalerweise zur Entwicklung des IC beiträgt, bedeutet das Messen des durch Wissensmanagement geschaffenen Mehrwerts eigentlich das Messen des Beitrags zur Entwicklung von IC.

Wissensbilanz

Die Wissensbilanz ist ein junges Instrument und wird als Methode zur Selbstevaluation einer Organisation hinsichtlich ihres intellektuellen Kapitals eingesetzt. Ziel ist es hierbei, Transparenz über die internen Wissensprozesse und Kapitalarten zu erlangen.
Kapitalarten (intellektuelles Kapital) sind das Human-, Struktur- und Beziehungskapital. Im Kern der Wissensbilanz werden Einflussfaktoren auf das intellektuelle Kapital einer Organisation festgelegt und bewertet.

Typische Einflussfaktoren sind:
- Für das Humankapital: Mitarbeiter aus- und weiterbilden, Mitarbeiter motivieren, Führungskompetenzen aufbauen
- Für das Strukturkapital: Innovationen entwickeln, Führungsprozess organisieren, Unternehmenskultur entwickeln
- Für das Beziehungskapital: Beziehungen zu Kunden und Lieferanten pflegen, externes Wissen integrieren

Die Einflussfaktoren werden hinsichtlich der Ausprägungen von Qualität, Quantität und Strukturierung bewertet. Es werden Indikatoren gebildet, z.B. Weiterbildungskosten pro

Kopf, und diese werden mit entsprechenden Ziel
hen. Zudem werden Wechselwirkungen ermittelt un
Ergebnisse in einem Wirkungsnetz festgehalten.

Mit der Vorgehensweise der Wissensbilanz schafft das Unternehmen eine hohe Transparenz über sein intellektuelles Kapital, bewertet es und gibt sich selbst Ziele für seine Weiterentwicklung.

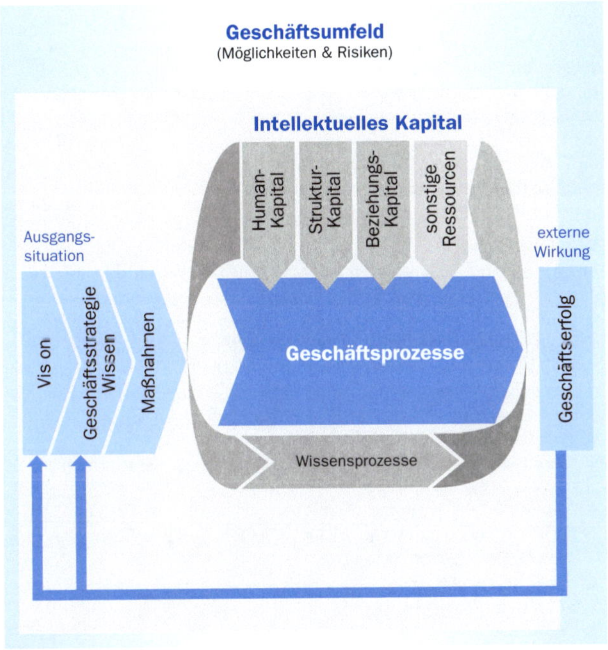

Abb. 7: Wissensbilanz-Modell (vgl. Bundesministerium für Wirtschaft und Arbeit 2005, S. 15)

…smanagement – …rumente und …thoden

Job-Rotation

Unter Job-Rotation wird der systematische Wechsel von Arbeitsplätzen verstanden. Der gezielte Einsatz im Wissensmanagement dient dazu, den Wissenstransfer (vor allem von schwer speicherbarem Erfahrungswissen) zwischen einzelnen Bereichen (bzw. Abteilungen oder konkreten Aufgaben) zu verbessern. Der rotierende Mitarbeiter sammelt an jeder Einsatzstelle spezifische Erfahrungen. Ziel ist es, dass er diese Erfahrungen an seiner nächsten Station an seine Kollegen weitergibt.

Wissensbroker

Ein Wissensbroker stellt den Kontakt zwischen Wissensnachfragern und -anbietern her, d.h. zwischen denen, die Wissen benötigen, und jenen, die Wissen besitzen. Mitarbeiter in Unternehmen sind im Rahmen ihrer täglichen Arbeit ständig mit der Lösung von Problemen beschäftigt. Dazu sind sie oft auf der Suche nach Erfahrungen. Beim Auffinden relevanter Erfahrungen bzw. von Personen mit relevanten Erfahrungen hilft der Wissensbroker. Aufgaben des Wissensbrokers:

- Identifikation von Wissensträgern, die anderen Hilfe und Erfahrungen anbieten können
- Herstellen von Kontakten mit Wissensträgern bei Anfragen
- Initiierung der Zusammenarbeit zwischen Personen über organisatorische Grenzen hinweg
- Initiierung und Nachbereitung von Lernsituationen (Workshops, Seminare, Projekt-Reviews)
- Organisation von Workshops
- Aufbau und Pflege von Wissensbasen
- Kommunikation von erfolgreichem Wissenstransfer im Unternehmen

Personalentwicklung

Personalentwicklung (PE) umfasst alle geplanten Maßnahmen der Bildung, der Förderung und der Organisationsentwicklung. Sie umfasst die gezielte Förderung von Humankapital, um die Unternehmensziele unter Berücksichtigung der Bedürfnisse und Qualifikation des Mitarbeiters oder einer Gruppe von Mitarbeitern optimal zu erreichen. Damit ist die Personalentwicklung eines der zentralen Elemente des Wissensmanagements.

Wissenslandkarte

Wissenslandkarten bzw. Wissenskarten sind eine grafische Form der Darstellung von Wissen in Organisationen. Als Wissenslandkarten werden im Wissensmanagement grafische Verzeichnisse von Wissensträgern, Wissensbeständen, Wissensquellen, Wissensentwicklung, Wissensstrukturen oder Wissensanwendungen bezeichnet. Sie dienen vor allem der Identifikation von Wissen in Unternehmen, um Arbeitsabläufe effektiver und effizienter zu gestalten, und beziehen sich auf Expertenwissen, Teamwissen, Wissensentwicklungsstationen sowie organisationale Fähigkeiten und Abläufe. Bei dieser Methode wird lediglich der Verweis auf das verankerte Wissen geliefert und nicht das Wissen selbst dort abgelegt.

Auf den Punkt gebracht:

- Wissen entsteht durch den Einbau von Informationen in Erfahrungskontext.
- Die Wissensentstehung ist unmittelbar an den Menschen gebunden.
- Den Menschen kommt im Wissensmanagement die alles überragende Bedeutung zu: Ein Wissensmanagement ohne Menschen gibt es nicht!
- Neben dokumentiertem Wissen liegt der überwiegende Anteil der Wissensbestände implizit, in den Köpfen, vor.
- Die Umwandlung von implizitem in explizites Wissen ist eine der Hauptaufgaben im Wissensmanagement.
- Der effiziente Umgang mit Wissen ist in einer globalisierten Welt einer der wesentlichen Faktoren, um Wettbewerbsvorteile für seine Organisation zu erringen. Wissensmanagement liefert das Rüstzeug hierzu.

2 Wissensmanagement in Unternehmen einführen

Wettbewerbsvorteile sichern durch optimierte Wissensprozesse

Mindestens zwei wichtige Fragen stellen sich zu Beginn eines jeden Wissensmanagement-Projekts:

- Wie gehe ich vor?
- Welche Reichweite soll das Wissensmanagement in meiner Organisation haben?

2.1 Gestaltungsfelder des Wissensmanagements: Der Blick auf das gesamte Unternehmen

Ein Wissensmanagement, das die gesamte Organisation und die Bereiche Mensch, Organisation und Technologie umfasst, ist der anzustrebende Idealzustand. Man spricht in solchen Fällen von ganzheitlichem Wissensmanagement. Auf welche Gestaltungsfelder ein ganzheitliches Wissensmanagement Einfluss nimmt, zeigt die folgende Abbildung.

Abb. 8: Gestaltungsfelder des Wissensmanagements

Dabei gibt die Vision und Strategie eines Unternehmens auch die Richtung im Wissensmanagement vor. Eine Strategie, die eine Internationalisierung vorsieht, bedeutet beispielsweise Wissen über Länder und Märkte aufzubauen.
Je nach Unternehmen stehen Geschäftsprozesse, wie Produktions- oder Dienstleistungsprozesse, oder Projekte im Zentrum der Aktivitäten. Der Umgang mit Wissen ist hier essenziell für die Wertschöpfung des Unternehmens.
Eine gute Infrastruktur ist wichtig, um Wissen zu verteilen, aber auch um Wissen zu lokalisieren, wenn es beispielsweise um die Suche nach einem Kollegen mit ganz spezifischen Kompetenzen geht.
Mitarbeiter sind das Wissenskapital einer jeder Organisation. Das Personalmanagement kümmert sich um die Wissensträger, beispielsweise um deren Kompetenzentwicklung, Führung nach definierten Leitlinien oder um den Wissenserhalt bei ausscheidenden Personen.
Wichtig für jede wissensintensive Organisation sind die externen Schnittstellen. Sie versorgen das Unternehmen mit neuem Wissen. Dieses Wissen kann von den Kunden, Lieferanten oder von Hochschulen und anderen Forschungseinrichtungen stammen.

Am Ende steht das (positive) Ergebnis des Unternehmens. Wissensmanagement macht nur Sinn, wenn es hierzu einen Beitrag liefert.

In dieser Darstellung verbinden sich die Gestaltungsfelder der Wissensbilanz mit denen des EFQM-Modells (vgl. Kapitel 3.7), um die Unternehmenswirklichkeit in anschaulicher Weise abzubilden und der Komplexität von Wissensmanagement Rechnung zu tragen.
Dieser ganzheitliche Wissensmanagement-Ansatz funktioniert nur, wenn die Unterstützung der obersten Geschäftsführung vorliegt. Zu gravierend und einschneidend können die Veränderungsprozesse sein, um sie ausschließlich auf mittlerer Managementebene durchzusetzen.

2.2 Selektives Wissensmanagement – einzelne Felder im Fokus

Für viele, insbesondere kleinere Unternehmen stehen für die Umsetzung des umfassenden Ansatzes oftmals nicht genügend interne Ressourcen zur Verfügung. Dennoch ist Wissensmanagement auch hier möglich, indem es sich auf einzelne Gestaltungsfelder beschränkt, z.B. auf einen Prozess (Vertrieb etc.) oder auf ein wissensorientiertes Projektmanagement, in dem die Erfahrungen der Projekte konsequent erfasst und recherchierbar gemacht werden.
Die Schwierigkeit des selektiven Ansatzes liegt darin, dass an Schnittstellen zu anderen Bereichen (Produktion etc.) Probleme auftreten können.
Der Vorteil liegt darin, dass ein engagiertes mittleres Management die Veränderungsprozesse selbst gestalten kann.
Die Ideallösung ist ein ganzheitliches und die gesamte Organisation umfassendes Wissensmanagement. Ist dies nicht möglich (keine Ressourcen etc.), ist die kleine Lösung – Wissensmanagement in einzelnen Gestaltungsfeldern – das Mittel der Wahl.

Wissensmanagement-Ansatz		
	Ganzheitlich	**Selektiv**
Reichweite	Gesamte Organisation	Einzelne Gestaltungsfelder wie Geschäftsprozesse, Projekte etc.
Vorteile	Umfassend, strategisch, mit Unterstützung der Geschäftsführung	Eher operativ, Umsetzung in abgegrenzten Organisationseinheiten
Nachteile	Dauert eher länger, da hoher Abstimmungsaufwand	Schnittstellenproblem

Übrigens: Auch wenn sich Wissensmanagement nur auf einen Geschäftsprozess oder den Projektbereich erstreckt, können auch hier die Gestaltungsfelder Vision/Strategie, Infrastruktur, Mitarbeiter und externe Schnittstellen berücksichtigt werden – eben nur im Kleinen.

2.3 Das Vorgehen: Von der Planung zum ersten Wissensmanagement-Projekt

Ob nun Wissensmanagement für die gesamte Organisation oder nur für einen Bereich eingeführt werden soll – die empfohlene Vorgehensweise bleibt die gleiche. Dabei entspricht der Ablauf dem eines gängigen Projektes mit den folgenden Phasen:

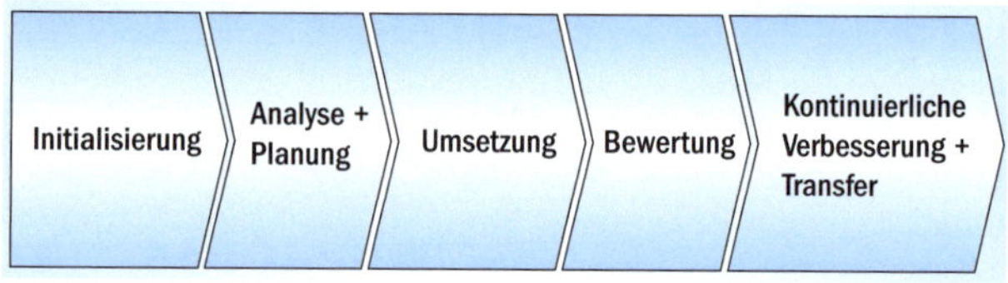

Abb. 9: Vorgehen bei der Einführung von Wissensmanagement

Initialisierung

In der Initialisierungsphase wird das Projektteam zusammengestellt, die generellen Ziel- und Eckpunkte definiert und dabei ein gemeinsames Verständnis von Wissensmanagement entwickelt.

Die Auswahl eines Pilotbereiches sowie die Abstimmung der Vorgehensweise und der eingesetzten (Analyse-)Instrumente ist Gegenstand dieser Phase. Abschließend wird die Initialisierungs-Phase genutzt, um die Mitarbeiter über das Projekt sowie das weitere Vorgehen zu informieren.

Mit Abschluss der Phase sollte eine Vision und Strategie für das Wissensmanagement definiert und mit der Gesamtstrategie des Unternehmens verknüpft sein. Die Wissensmanagement-Vision soll leicht verständlich und vermittelbar sein und auf folgende Fragen Antworten geben:

- Welches Wissen ist wichtig für unser Geschäft?
- Warum ist dieses Wissen so wichtig für uns?
- Wie wollen wir dieses Wissen in Zukunft weiterentwickeln und damit umgehen, um unsere Geschäftsergebnisse zu verbessern?
- Ist für die Geschäftsbereiche und Prozesse das jeweilige Schlüsselwissen identifiziert?
- Ist eine Wissensmanagement-Strategie formuliert und sind Detailziele des Projekts festgelegt?
- Ist ein Projektteam zusammengestellt und ein Sponsor aus dem Managementteam zur aktiven Unterstützung des Projekts gefunden?
- Ist der Wissensmanagement-Projektleiter nominiert und sind andere Betroffene involviert?

Analyse und Planung

Analysiert wird der Umgang mit Wissen in der gesamten Organisation oder in einzelnen Bereichen. Folgende Ziele werden verfolgt:

- Aufdecken von Stärken und Schwächen des gegenwärtigen Umgangs mit Unternehmenswissen
- Analyse der Rahmenbedingungen, Barrieren und förderlichen Faktoren für WM
- Steigerung der Aufmerksamkeit gegenüber WM in der Organisation
- Entwurf eines Wegweisers (Roadmap) für künftige WM-Maßnahmen
- Sammeln von messbaren Daten zur Überprüfung der Fortschritte im WM

Die Analyse nennt sich Wissensmanagement-Audit (WM-Audit) und beinhaltet üblicherweise eine Befragung der Mitarbeiter zu ihrem Umgang mit Wissen und Informationen.

Hierdurch werden aus Mitarbeitersicht die Stärken und Schwächen im Umgang mit Wissen festgestellt und so wird dem Wissensmanagement ein konkreter Handlungsrahmen gegeben. Die Befragung lässt sich sinnvoll nach den einzelnen Kernaktivitäten des Wissensmanagements unterteilen.

Beispiel eines Wissensmanagement-Audits (vgl. CEN/ISSS 2004, S. 132 ff.)

Die Antworten sollen von den Befragten nach einer fünfteiligen Skala bewertet werden (1 = starke Zustimmung, 5 = starke Ablehnung).

Allgemeine Fragen:

- Strategie: Hat unsere Organisation eine starke Mission, Vision und Strategie?
- Gemeinsame Vision: Gibt es Interessenkonflikte innerhalb der Organisation?
- Kultur: Ist die Kultur in unserer Organisation auf Vertrauen, Respekt, Zusammenarbeit und Professionalität gegründet?
- Motivation: Sind die Mitarbeiter hoch motiviert, zur Erreichung der Organisationsziele beizutragen?
- Kompetenz: Hat unsere Organisation die Kompetenzen, die unsere Strategien unterstützen können?
- Struktur: Sind wir gut organisiert (haben wir die Strukturen und Prozesse), um unsere Ziele erreichen zu können?
- IT: Werden wir durch professionelle Informationssysteme unterstützt?

Die WM-Kernaktivitäten:

Wissen identifizieren

- Wir wissen, welches Wissen wir zur Umsetzung der Strategie brauchen.
- Wir suchen kontinuierlich nach vorhandenem Wissen, um das Rad nicht immer wieder neu zu erfinden.

- In unserer Organisation weiß jeder, über welches Wissen seine Kollegen verfügen.
- Wir haben Systeme, die uns ein leichtes Auffinden des vorhandenen Wissens ermöglichen.
- Ich stelle mir oft die Frage, welches Wissen ich zur Erfüllung meiner jetzigen und zukünftigen Aufgaben benötige.
- Ich weiß, was ich weiß.

Wissen entwickeln und erwerben
- Wir haben eine explizite Strategie zur Entwicklung (Forschung und Entwicklung) und dem Erwerb (Neueinstellungen, Partnerschaften, Fusionen und Übernahmen) von Wissen.
- In unserer Organisation herrscht Einstimmigkeit darüber, wie wir neues Wissen schaffen sollten.
- Wir werden zum Wissenserwerb und dessen Weiterentwicklung stimuliert.
- Lernen und Erkunden neuer Arbeitsformen ist unserer Belegschaft ein Anliegen.
- Wir wissen, wie man Innovationen schafft.
- Wir haben eigene Wege entwickelt, die Schaffung neuen Wissens zu fördern und zu unterstützen (z.B. „Unternehmensuniversität“, Trainingsprogramme, Job-Rotation).
- Wir haben geeignete Systeme, neue Ideen und Erfahrungen zu erfassen und weiterzugeben.
- Es macht mir Spaß zu lernen.
- Ich entwickle neues Wissen in effektiver Weise, wenn ich es brauche.

Wissen bewahren
- Wir haben eine klare Strategie für das Bewahren unseres Wissens.
- Das Management motiviert die Belegschaft, ihr Wissen und ihre Erfahrungen festzuhalten und zur Verfügung zu stellen.

- Mitarbeiter verwenden Zeit und Mühe, Beiträge zur gemeinsamen Wissensbasis zu leisten.
- Wir wissen, wo und wie wir unser Wissen ablegen sollen, damit es von anderen genutzt werden kann.
- Wir haben Rollen und Verantwortlichkeiten für das Ablegen und Pflegen unseres Wissens festgelegt.
- Wir haben geeignete Systeme, wie Datenbanken und Intranet, in denen wir unser dokumentiertes Wissen leicht speichern können.
- Es macht mir Spaß, Beiträge zur gemeinsamen Wissensbasis zu leisten.
- Mein persönliches Wissen steht anderen Mitarbeitern in effektiver Weise zur Verfügung.

Wissen teilen
- Unser Unternehmen kann nur erfolgreich sein, wenn wir Wissen teilen.
- „Teilen von Wissen = Macht“ trifft für unsere Organisation eher zu als „Besitzen von Wissen = Macht“.
- Wir nehmen uns Zeit, unsere Ideen und Erfahrungen mit anderen zu teilen, auch wenn es nicht in direktem Zusammenhang mit der eigenen Arbeit steht.
- Wir wissen, wie wir unser Wissen optimal mit anderen teilen können.
- Unsere Organisationsstruktur (Abteilungen, Hierarchien) stellt kein Hindernis für das Teilen von Wissen dar.
- Wir haben geeignete Systeme, wie Datenbanken, Intranet, Teeküche oder E-Mail, die das Teilen von Wissen unterstützen.
- Es macht mir Spaß, mein Wissen und meine Erfahrungen mit meinen Kollegen zu teilen.
- Durch Teilen meines Wissens habe ich einen substanziellen Beitrag für die Organisation geleistet.

Wissen nutzen/anwenden
- Wir haben ein systematisches Verfahren, das Wissen für unsere Geschäftsprozesse optimal zu nutzen.

- Es herrscht bei uns Konsens, wie wir unser Wissen optimal nutzen können.
- Wir werden ermuntert, das verfügbare Wissen zu nutzen.
- Wir wenden Wissen für Verbesserungen und Innovationen in unserer Arbeit an.
- Wir wissen, wie wir das vorhandene Wissen bei unserer Arbeit einsetzen können.
- Wir wissen, wie wir Wissen mit Geschäftsprozessen und Aktivitäten verbinden können.
- Wir haben ein System, das die Anwendung von Wissen erleichtert.
- Ich bin flexibel in der Anwendung des Wissens anderer Mitarbeiter, um bei meiner Arbeit effektiver und effizienter zu sein.
- Ich ziehe es vor, gute Ideen und Vorschläge anderer anzunehmen, anstatt selbst Mühen darauf zu verwenden.

Die Ergebnisse der Analyse werden anschließend im Rahmen eines Workshops mit ausgewählten Beteiligten (Geschäftsführung, Projektleiter, Betriebsrat etc.) ausgewertet und interpretiert. Aufbauend auf dieser Interpretation werden die Ziele für das Wissensmanagement definiert. Dabei ist darauf zu achten, dass der Ausgangspunkt für WM-Ziele immer die Unternehmensziele sind.
Eine Herausforderung besteht zumeist darin, die WM-Ziele mit Erfolgsindikatoren messbar zu machen. Um die Effekte des Wissensmanagements auf den Unternehmens- bzw. Projekterfolg eindeutig nachvollziehen zu können, ist dieser Schritt sehr wichtig.

Die am häufigsten genannten Notwendigkeiten im Umgang mit Wissen in Organisationen sind:

- Verbesserung des Wissenstransfers zwischen den Abteilungen

- Strukturierung und Vernetzung von Datenablagen
- Sicherung des Wissens von Mitarbeitern beim Ausscheiden
- Transfer von Wissen im Projekt und zwischen den Projekten
- Nutzung bestehenden Wissens für neue Projekte und Dienstleistungen
- Nutzung von Wissen für Prozess- und Produktoptimierung
- Schaffung von Transparenz über die intern vorhandenen Kompetenzen
- Umgang mit Wissen in Kooperationsnetzen
- Nutzung der Informationen von und über Zulieferer, Kunden, Lieferanten

Gestaltungsbereich	Ziel	Erfolgsindikator
Mitarbeiter	Sicherung und Transfer des Wissens von ausscheidenden Mitarbeitern	Alle Mitarbeiter, die altersbedingt ausscheiden, werden ein Jahr vor ihrem Austritt hinsichtlich ihres Erfahrungswissens qualifiziert beurteilt.
Projekte	Transfer von Wissen im Projekt	Für 90% aller Projekte findet ein qualifiziertes Abschlussgespräch (Debriefing) innerhalb von 14 Tagen nach Projektabschluss statt.

Auf Basis der Zielsetzung werden im Anschluss genaue Lösungskonzepte ausgearbeitet, die untereinander hinsichtlich ihrer Machbarkeit geprüft und bewertet werden. Dies geschieht in weiteren unternehmensinternen Workshops, in denen die Ergebnisse aus der Analysephase reflektiert sowie Anforderungen an einen gewünschten Soll-Zustand formuliert werden.

Anschließend werden Lösungen zur Erreichung dieses Soll-Zustandes erarbeitet. Zuletzt werden alle gesammelten

Lösungen hinsichtlich ihrer Priorität geordnet und die für das Unternehmen geeigneten Maßnahmen festgelegt. Folgende Lösungsbeispiele sind denkbar:

- Expertenverzeichnisse
- Wissenslandkarten
- Wikis/Blogs
- Debriefing
- Methoden zur Wissensbewahrung
- Benchmarking
- Ideenmanagement
- Interne Unternehmensmessen

Aufbauend auf den ausgewählten Lösungen wird ein Einführungsplan erstellt. Dieser beinhaltet u.a. die Ressourcenplanung (Mitarbeiter, Kosten), die Festlegung von Verantwortlichkeiten und die Zeitplanung inkl. Meilensteinen.

Umsetzung

In der Umsetzungsphase werden die erarbeiteten Wissensmanagement-Lösungen in die ausgewählten Geschäfts- und Arbeitsprozesse integriert bzw. pilotiert. Dabei müssen ggf. Hilfsmittel erarbeitet werden (z.B. Vorlagen oder Handbücher).
Unternehmensinterne Informationsveranstaltungen stellen darüber hinaus sicher, dass die Mitarbeiter die erarbeiteten Wissensmanagement-Lösungen kennen. Für einzelne Lösungen, die spezifische Kenntnisse und Anforderungen an die Mitarbeiter stellen, werden Schulungsmaßnahmen initiiert. In dieser Phase findet die technische und organisationale Implementierung von Lösungen statt.

Die verschiedenen Stufen des Umsetzungsprozesses können wie folgt zusammengefasst werden:

- Stufe 1: Entwurf eines internen Kommunikationsplans, inklusive Identifikation der Barrieren und Erfolgsfaktoren für den Umsetzungsprozess

Wissensmanagement – Instrumente und Methoden

Ideenfindung und Kreativitätstechniken

Ideenfindung und Kreativitätstechniken sind Methoden zur Förderung von Kreativität und gezieltem Erzeugen neuer Ideen, um Visionen zu entwickeln oder Probleme zu lösen. Die Kreativitätsmethoden lassen sich in intuitive und diskursive Methoden aufteilen.

Intuitive Methoden

Intuitive Methoden liefern in kurzer Zeit sehr viele Ideen (in 30 Minuten 100–400 Einzelideen). Sie fördern Gedankenassoziationen bei der Suche nach neuen Ideen und sind auf die Aktivierung des Unbewussten ausgelegt. Methodenbeispiele: Brainstorming, 6-3-5-Methode, Mindmapping, Kartenabfrage, Pinnwandmoderation (Metaplan-Technik).

Diskursive Methoden

Diskursive Methoden liefern in 30 Minuten 10–50 Ideen. Sie führen den Prozess der Lösungssuche systematisch und bewusst in einzelnen, logisch ablaufenden Schritten durch. Solche Methoden beschreiben ein Problem vollständig, indem dieses analytisch in kleinste Einheiten aufgespalten wird. Methodenbeispiele: morphologischer Kasten, Ursache-Wirkungs-Diagramm, Relevanzbaumanalyse.

Kombimethoden

Daneben haben sich Kreativitätsansätze entwickelt, die intuitive und diskursive Elemente vereinen:

- Denkhüte von De Bono (6-Hüte-Methode)
- Wertanalyse (Value Analysis, ISO-genormte Funktionenanalyse)
- ARIZ: ein Schrittverfahren zur Lösung von Erfindungsproblemen
- Zukunftswerkstatt: ein Kreativitätsansatz in vier Phasen nach dem Zukunftsforscher Robert Jungk

Denkhüte von De Bono (6-Hüte-Methode)

Es handelt sich dabei um eine Gruppendiskussion, bei der Gruppenmitglieder durch verschiedenfarbige Hüte repräsentierte Rollen einnehmen. De Bono selbst bezeichnet die sechs Denkhüte auch als Methode zur Verbesserung der Kommunikation in einer Gruppe. Jeder Hut entspricht einer Denkweise oder einem Blickwinkel, wodurch ein effizienter Diskurs über ein Thema erreicht werden soll und gleichzeitig kein Blickwinkel außer Acht gelassen wird. Die einzelnen Hüte stehen für:

- analytisches Denken (weißer Hut): Konzentration auf Tatsachen, Anforderungen und wie sie erreicht werden können (objektiv)
- emotionales Denken, Empfinden (roter Hut): Konzentration auf Gefühle und Meinungen (subjektiv)
- kritisches Denken (schwarzer Hut): Risikobetrachtung, Probleme, Skepsis, Kritik und Ängste mitteilen (objektiv)
- optimistisches Denken (gelber Hut): Was ist das Best-Case-Szenario (spekulativ)
- kreatives, assoziatives Denken (grüner Hut): neue Ideen, Kreativität (konstruktiv)
- ordnendes, moderierendes Denken (blauer Hut): Überblick über die Prozesse, das Big Picture

Den Teilnehmern wird entsprechend der Art, in der sie denken sollen, ein Hut in einer bestimmten Farbe gegeben. Die Denkhüte „nutzen" die menschliche Fähigkeit des Verstellens. Da alle Teilnehmer eine Rolle spielen, sind offenere Diskussionen möglich, als wenn jeder Teilnehmer „er selbst" wäre. Die Verteilung von Rollen stellt sicher, dass alle wesentlichen Denkmodi für eine Entscheidung berücksichtigt werden.

- Stufe 2: Definition der Funktionen und Verantwortlichkeiten: Personen und Teams/Abteilungen
- Stufe 3: Aktionsplan: Definition der Phasen, Maßnahmenpakete und der zu erwartenden Kosten etc.
- Stufe 4: Auswahl der einzusetzenden Tools (die schon beurteilt wurden)
- Stufe 5: Training und Lernen
- Stufe 6: Pilot-Umsetzung und Feedback über Ergebnisse bezüglich Fortschritt

Der Umsetzungsprozess soll dazu führen, dass (organisationales) Wissen als Unternehmensvermögen anerkannt wird und dass ein Mehrwert erzeugt wird für Produkte bzw. Dienstleistungen, interne Prozesse, Kundenbeziehungen etc.

Bewertung

Die Bewertung findet auf zwei Ebenen statt: auf der konkreten Maßnahmen-/Lösungsebene und auf der Ebene des ganzheitlichen Wissensmanagements. In beiden Fällen geschieht dies durch den Abgleich mit der Zielstellung und den festgelegten Erfolgsindikatoren.

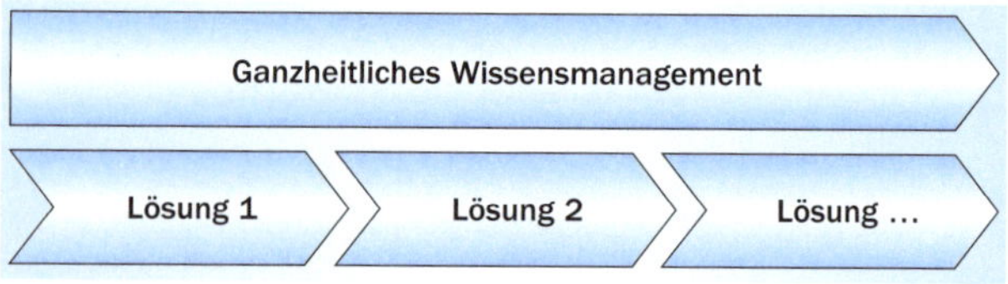

Abb. 10: Bewertung auf zwei Ebenen

Die Bewertung des ganzheitlichen Wissensmanagements erfolgt in Form einer Mitarbeiterbefragung und ist eine Fortführung des WM-Audits. Hierbei wird über einen im Vorfeld festgelegten Zeitabstand die Verbesserung des Umgangs mit Wissen untersucht.

Die Bewertung sollte in Abständen von ein bis zwei Jahren wiederholt werden.

Auf der Ebene der Maßnahmen ist die Bewertung stark von der Art der Maßnahme abhängig. Einer der wesentlichen Erfolgsindikatoren ist die Partizipation, d.h., wie viele Mitarbeiter sich an der Maßnahme beteiligen, z.B. bei der Einführung eines Expertenverzeichnisses, eines Ideenmanagements oder der Nutzung eines Wikis/Blogs.

Im Folgenden finden Sie einige Vorschläge zur Beurteilung des Erfolgs von WM-Projekten. WM-Projekte sind erfolgreich, wenn:

- ein Zuwachs von Wissensinhalten und deren Verwendung stattgefunden hat (z.B. Anzahl der Dokumente und ihre positive Beurteilung),
- die Wahrscheinlichkeit gestiegen ist, dass das WM-Projekt nicht nur eine Angelegenheit weniger Personen bleibt, sondern zu einem Anliegen der gesamten Organisation wird,
- die gesamte Organisation die Konzepte „Wissen“ und „WM“ verstanden und positiv angenommen hat,
- gewisse Anzeichen eines finanziellen Ertrags nachweisbar sind, sei es für die WM-Aktivitäten selbst oder für die Gesamtorganisation.

Durch die Bewertung wird zum einen der Beitrag des Wissensmanagements zum Unternehmenserfolg aufgezeigt und zum anderen kann auf ihrer Grundlage über neue Maßnahmen oder die Anpassung vorhandener entschieden werden.

Kontinuierliche Verbesserung und Transfer

Der Fokus liegt auf der fortlaufenden Verbesserung der eingeführten Lösungen sowie auf dem Erfahrungstransfer. Durch die kontinuierliche Aufnahme des Nutzerfeedbacks und deren Verbesserungsideen werden die Wissensmanagement-Lösungen an die konkreten Anforderungen der Mitarbeiter angepasst.

Der Erfahrungstransfer wird im Rahmen des Projektes hinsichtlich zweier Perspektiven genutzt. Zum einen wird durch die Aufbereitung und Kommunikation von Erfolgsgeschichten die Akzeptanz des Wissensmanagements gefördert. Hierbei sollen die Erfahrungsgeschichten sowohl den individuellen Nutzen als auch den für das Gesamtunternehmen herausstellen.
Zum anderen wird durch den Transfer von Erfahrungen versucht, Lösungen, die in einem Kontext erfolgreich waren, auch für andere Unternehmensbereiche zu nutzen.

2.4 Beteiligte und Rollen in einem Wissensmanagement-Projekt

Da die Bedeutung und Komplexität eines Wissensmanagement-Projektes für eine Organisation enorm ist, sollten Wissensmanagement-Projekte frühzeitig auf eine breite Beteiligungsbasis gestellt werden.
Für das ganzheitliche Wissensmanagement ist die Rolle der Geschäftsführung als Auftraggeber und Unterstützer wesentlich. Jedes Wissensmanagement-Projekt benötigt einen Projektleiter, der je nach Umfang Voll- oder Teilzeit für diese Aufgabe abgestellt wird.
Die frühzeitige Einbeziehung der Arbeitnehmervertretung (Betriebs- oder Personalrat) ist aus zwei Gründen sinnvoll: Zum einen besteht hier meist ein guter Überblick über die Wissensprozesse im Unternehmen und zum anderen unterliegen einige Wissensmanagement-Lösungen ohnehin der Zustimmung der Arbeitnehmervertretung.

Die Einbeziehung externer Unterstützung ist aus mehreren Gründen zu empfehlen: Berater bringen tiefe Expertise im Wissensmanagement mit, sodass kein spezifisches Wissensmanagement-Know-how in der Organisation aufgebaut werden muss. Berater verfügen gleichzeitig über Erfahrungswissen aus Projekten und nehmen Einblick von außen, was ihnen erlaubt, interne Abläufe oder auch Sichtweisen in Frage zu stellen.

2.5 Praxisbeispiel: Einführung von Wissensmanagement

Eine Firma für Verbindungstechnik startete auf dem Weg zu einem unternehmensweiten Wissensmanagement in der Ausbildungsabteilung. Neben den klassischen Ausbildungsinhalten zum Mechatroniker oder zur Industriekauffrau lernten und betrieben die Auszubildenden Wissensmanagement praktisch. Auf Fragen wie „Was ist Wissensmanagement?“ und „Wie kann ich Wissen verteilen und für andere festhalten?“ fanden die Auszubildenden Antworten in Schulungen und Praxisanwendungen.
Zudem richtete das Unternehmen eine technologische Lernplattform ein, verabredete Projektarbeiten mit Lieferanten und Kunden, in denen neues Wissen unter den Auszubildenden entwickelt wurde, und formalisierte den Wissenstransfer unter anderem dadurch, dass wöchentliche Teambesprechungen stärker zum Erfahrungstransfer genutzt wurden.

Das Ergebnis: Das Unternehmen verfügt mit den so ausgebildeten jungen Mitarbeiter über Multiplikatoren, die gelebtes Wissensmanagement in das gesamte Unternehmen tragen und eine neue Generation von Wissensarbeitern repräsentieren.

Auf den Punkt gebracht:

- Wissensmanagement ist keine Frage der Unternehmensgröße. Jedes Unternehmen kann seinen Umgang mit Wissen und Informationen optimieren.
- Neben einem ganzheitlichen Wissensmanagement, das die gesamte Organisation umfasst, besteht die Möglichkeit, in einzelnen Unternehmensbereichen selektiv Wissensmanagement-Maßnahmen umzusetzen.
- Wissensmanagement ist kein Selbstzweck, es unterstützt eine Organisation dabei, ihre strategischen Ziele zu erreichen.
- Die sieben Gestaltungsfelder des Wissensmanagements sind: Vision/Strategie, Geschäftsprozesse, Projekte, Organisation, Mitarbeiter, Partnerschaften und Ergebnisse.
- Durch ein Wissensmanagement-Audit wird die Ist-Situation einer Organisation im Hinblick auf ihre bestehenden Wissensprozesse erfasst.
- Das Vorgehen für die Einführung von Wissensmanagement folgt einem klar definierten Ablauf: Initialisierung, Analyse/Planung, Umsetzung, Bewertung, kontinuierliche Verbesserung und Transfer.
- Auf die frühzeitige Einbeziehung der Mitarbeiter und der Arbeitnehmervertretung ist unbedingt zu achten.

3 Gestaltungsfelder im Unternehmen

... und die praktische Umsetzung

Die einzelnen Gestaltungsfelder des Wissensmanagements werden in diesem Kapitel erläutert und jeweils durch Praxisbeispiele veranschaulicht. Bei der Auswahl der Beispiele wurde besonderer Wert darauf gelegt, dass sie eher aus kleineren und mittleren Unternehmen stammen, weil hier zumeist eine gute Übertragbarkeit gewährleistet ist.

Abb. 11: Gestaltungsfelder des Wissensmanagements

3.1 Vision und Strategie

Viele Unternehmen verfügen bereits über eine klar definierte Vision und Strategie. Darin spielen Aspekte wie Marktführerschaft eine wichtige Rolle, die strategisch, z.B. durch eine Internationalisierung, erreicht werden sollen.
Der Umgang mit Wissen ist bislang eher selten als Bestandteil der Vision und Strategie anzutreffen. Die Aufgabe von Wissensmanagement besteht daher darin, die bestehende Vision und Strategie dahingehend zu analysieren, welche

Bedeutung Wissen in diesem Rahmen hat, um ggf. eine Erweiterung der Vision und eine Konkretisierung der Strategie vorzunehmen. Dabei ist auch die Frage zu klären, ob der Vision ein Unternehmensleitbild beigefügt ist, in welchem der Umgang mit Wissen definiert wird.

In puncto Strategie lassen sich Wissensziele festlegen. Verfolgt ein Unternehmen beispielsweise die oben angesprochene Strategie einer Internationalisierung, bedeutet dies konkret für den Umgang mit Wissen: Es muss Wissen über neue Märkte und Kulturen beschafft werden, der interne Wissensaustausch steht vor neuen Herausforderungen (beispielsweise Sprache, Zeitzonen) und auch die Wissensentwicklung bei den Mitarbeitern muss überdacht werden (Seminare für interkulturelle Zusammenarbeit etc.).

> Eine Ableitung von strategischen Wissenszielen sollte immer auf Basis der Unternehmensstrategie erfolgen, da so gewährleistet ist, dass Wissensmanagement zur Erreichung von Unternehmenszielen beiträgt.

Wissensmanagement-Strategie

Darüber hinaus besteht die Möglichkeit, auch eigenständige Wissensmanagement-Strategien zu erstellen. Eine Wissensmanagement-Regel besagt:

- Handelt es sich um immer wiederkehrende Abläufe, um Standardprodukte und Standarddienstleistungen, sollte die Wissensmanagement-Strategie die Wissensdokumentation (Kodifizierung) sein: Mensch zu System (vgl. Kapitel 3.2).
- Handelt es sich um maßgeschneiderte Produkte und Dienstleistungen, die ein Unternehmen vertreibt, sollte sich die Wissensmanagement-Strategie eher auf die Personalisierung von Wissen ausrichten, bei der Menschen miteinander in Kontakt gebracht werden (vgl. Kapitel 3.5): Mensch zu Mensch.

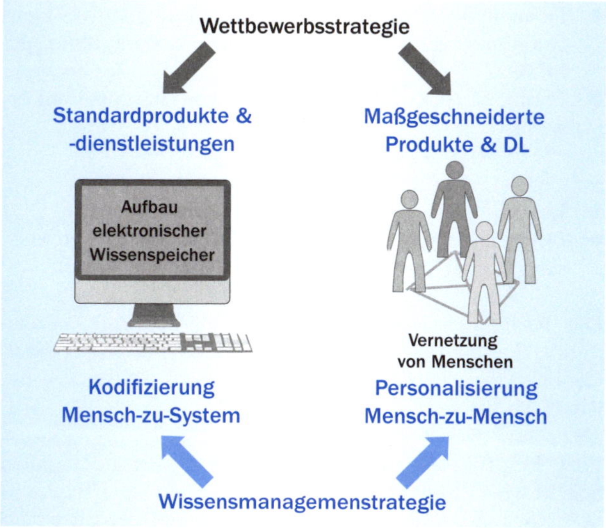

Abb. 12: Die zwei Wissensmanagement-Strategien (vgl. CEN/ISSS, S. 60)

Praxisbeispiel: Eine Unternehmensberatung und ein Logistik-Unternehmen

Eine studentische Unternehmensberatung aus Nordrhein-Westfalen hat erkannt, dass Wissensmanagement essenziell für ihre Organisation ist, da eine starke Mitarbeiter-Fluktuation zu ihrem Wesen gehört: Fängt ein Student neu in der Beratung an, muss Wissen aufgebaut werden. Beendet ein Student sein Studium, verlässt er auch die studentische Unternehmensberatung. In solchen Fällen muss sein Wissen bewahrt werden.

Im Wissensmanagement-System der Beratung ist daher auch ein Leitbild für den Umgang mit Wissen enthalten.

- Demnach wird kreatives Arbeiten und innovatives Denken immer vertrauensvoll behandelt und grenzenlos gefördert.
- Ferner werden die Kernkompetenzen gefestigt und erweitert.

Strategisch bedeutet dies beispielsweise:
- Die Mitarbeiterqualifikation muss erhöht werden.
- Grundlagen für innovatives und kreatives Denken müssen geschaffen werden.

Die betriebswirtschaftlichen Ziele der Beratung werden durch die so definierten Wissensziele sinnvoll ergänzt. Gleichzeitig entsteht bei den Mitarbeitern ein starkes Bewusstsein für den Umgang mit Wissen.

Eine Logistik-Gruppe aus Bayern geht hier noch einen Schritt weiter und bildet ihre Wissensziele in einer Balanced Scorecard ab. Dabei werden Ziele sowohl auf der Ebene des Gesamtunternehmens als auch auf der Ebene eines jeden Mitarbeiters definiert.

Ziele für die Wissensweitergabe und -verbreitung sind beispielsweise
- die Vorgabe einer bestimmten Anzahl an besuchten Seminaren (pro Jahr) und
- die Intensivierung des Verbesserungsvorschlagswesens durch mehr eingereichte Vorschläge.

3.2 Geschäftsprozesse: Prozessorientiertes Wissensmanagement

Geschäftsprozesse sind die Basis fast aller Unternehmen. Unter einem Geschäftsprozess versteht man die Aneinanderreihung von Einzelaktivitäten, die schrittweise ausgeführt das definierte Geschäftsziel verfolgen. Geschäftspro-

zesse sind beispielsweise der Vertriebs-, Konstruktions-, Produktions- oder Serviceprozess.
Neben den so genannten Kernprozessen existieren unterstützende Prozesse, wie der Personalprozess und das Qualitätsmanagement.

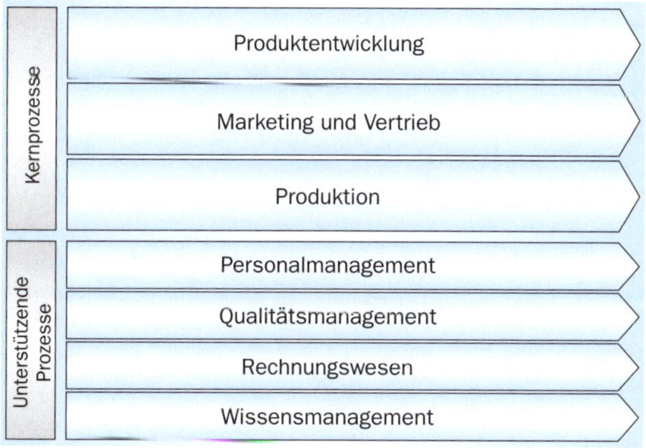

Abb. 13: Kernprozesse und unterstützende Prozesse

Geschäftsprozesse zeichnet aus, dass die Einzelaktivitäten immer wieder durchlaufen werden. Ist die letzte Aktivität durchgeführt, startet der Prozess von Neuem. An einem vereinfachten Prozessbeispiel für den Vertrieb soll die Systematik verdeutlicht werden.

Die einzelnen Vertriebsaktivitäten lauten:

- Anruf bei einem Unternehmen
- Terminvereinbarung
- Präsentation des Leistungsangebotes im Termin
- Bedarfsermittlung beim Kunden
- Angebotserstellung
- Vertragsverhandlungen
- Auftragsannahme

In dieser idealtypischen Darstellung endet der Vertriebsprozess mit der Erteilung des Auftrags und startet neu, indem der verantwortliche Vertriebsmitarbeiter erneut zum Telefon greift und das nächste Unternehmen kontaktiert.
Im betrieblichen Alltag ist es zumeist so, dass die Einzelaktivitäten parallel verlaufen: Es wird nicht nur ein Unternehmen kontaktiert, sondern mehrere, es finden kontinuierlich Präsentationstermine statt und auch Angebote und Aufträge werden kontinuierlich erstellt. Dennoch: Der Vertriebsprozess läuft für jeden Kunden in der beschriebenen Reihenfolge ab.

Die Aufgabe von Wissensmanagement liegt darin, die Prozesse optimal zu gestalten, d.h., den Umgang mit Informationen und Wissen so zu optimieren, dass in jeder einzelnen Aktivität das Optimum erzielt werden kann, um die für den Prozess gesteckten Ziele zu erreichen. In dem Beispiel Vertriebsprozess bedeutet dies, die Vertriebsziele zu erreichen, z.B. fünf Präsentationstermine pro Woche.

Was bedeutet prozessorientiertes Wissensmanagement konkret? Um eine Aktivität optimal ausführen zu können, sind zwei Aspekte von besonderer Bedeutung: Kompetenzen und Informationen.
Bei dem Mitarbeiter müssen bestimmte Kompetenzen vorliegen bzw. aufgebaut werden und er muss Informationen erhalten und weitergeben.

Um den beschriebenen Vertriebsprozess erfolgreich durchzuführen, muss der Mitarbeiter beispielsweise eine Adressdatenbank mit Unternehmensdaten bedienen können und rhetorisch in der Lage sein, am Telefon einer unbekannten Person ein Angebot zu präsentieren.
Im Telefongespräch erhält er Informationen, die wichtig für die Folgeaktivität, die Präsentation des Leistungsangebotes, sind. Diese Informationen muss der Mitarbeiter aufnehmen, dokumentieren und weitergeben.

Die folgende Abbildung beschreibt diesen Vorgang als Informations-Input bzw. -Output.
Hier wird auch deutlich, dass der Informations-Input bzw. -Output horizontal (Informationen werden von Aktivität zu Aktivität weitergegeben) oder vertikal (aus anderen Prozessen heraus) erfolgt.
Der Vertrieb erhält beispielsweise Informationen über konkrete Produkteigenschaften aus dem Produktmanagement – dies wäre ein Beispiel des vertikalen Informationsaustauschs (Input).

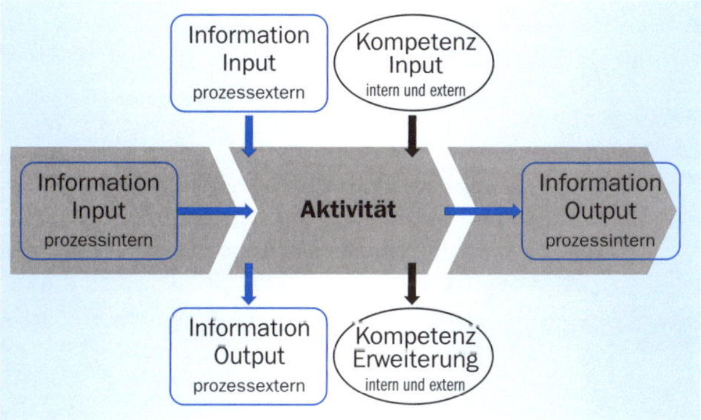

Abb. 14: Wissensorientierte Prozessanalyse

Die Analyse von Geschäftsprozessen hinsichtlich des Umgangs mit Wissen und Informationen ist einer der zentralen Ansatzpunkte für Wissensmanagement. Ein Vorteil des prozessorientierten Wissensmanagements liegt u.a. darin, dass durch die Optimierung von Prozessen schnell messbare Ergebnisse erzielt werden können, die unmittelbar auf den Unternehmenserfolg Auswirkung haben.
Im Fall des Vertriebs kann ein effizientes Wissensmanagement eine Erhöhung der Präsentationstermine, ein Mehr an Angeboten und letztendlich ein Plus an Aufträgen bedeuten.

Der Wissens-Check

Um Geschäftsprozesse wissensorientiert zu analysieren, hat sich der Wissens-Check als sinnvolles Instrument erwiesen. Der Wissens-Check ist eine Analyse-Methode, bei der sowohl der Gesamtprozess als auch die einzelnen Prozessschritte (Aktivitäten) systematisch nach den Wissensbausteinen (vgl. Kapitel 1.4) untersucht werden.
Üblicherweise findet dies durch (Prozess-)Workshops und Interviews statt. Als Ergebnis erhält man einen umfassenden Überblick über den Umgang mit Wissen und Informationen, woraus sich wiederum Maßnahmen zur Prozessoptimierung ableiten lassen.

Wissens-Check

Prozess:

Nr.	Prozessschritt	Verantwortlich	Mitverantwortlich	Bemerkungen

	Fragen	Antworten
Ziele	Was ist das Ziel des Schritts?	
identifizieren	Welche Informationen benötige ich? Wo befinden sich diese Informationen bzw. wer hat das Wissen? Welches Wissen fehlt uns?	
erwerben	Welches Wissen müssen wir von extern hinzuziehen? (Sachverständige, Trainer, Berater)	
entwickeln	Welche Kompetenzen sind erforderlich? Welche liegen vor? Welche müssen entwickelt werden?	
(ver)teilen	Welche Informationen gebe ich weiter? Wie gebe ich die Informationen weiter? Wie können andere von meinen Erfahrungen profitieren? Welche technologische Plattform wird wie genutzt?	
nutzen	Welche Hindernisse bestehen bei der Wissensnutzung? (Zugänge, Zeit, Kultur)	
bewahren	Was wird wie dokumentiert? Wie wird das Wissen erfahrener Mitarbeiter bewahrt?	
Bewertung	Werden die Ziele aktuell erreicht? Welche Korrekturmaßnahmen müssen eingeleitet werden?	

Abb. 15: Wissens-Check

Praxisbeispiel: Ein Malerfachbetrieb

Ein Malerfachbetrieb in Schwabach (bei Nürnberg) führt einen Teil seines Unternehmenserfolgs auf eine konsequente Prozessorientierung im Wissensmanagement zurück. Dabei berücksichtigt er die einzelnen Prozessaktivitäten, die Informationsflüsse und die Mitarbeiterkompetenzen. Hierzu hat er seine Prozesse und Aktivitäten definiert und kontinuierlich verbessert. Er nutzt die Rückmeldungen seiner Mitarbeiter für Prozessveränderungen und schult die Mitarbeiter konsequent. Dabei spielt die Baustellenmappe eine wesentliche Rolle: Hier werden Verbesserungsvorschläge erfasst und umgesetzt, wie z.B. die Bilddokumentation der Baustelle. Der Meister fotografiert und beschreibt beim Erstbesuch Besonderheiten, sodass der durchführende Geselle mit der Baustellenmappe auch diese Informationen erhält.
Ein Schwerpunkt der Schulungen ist der Umgang mit und das Verhalten beim Kunden – für sein Unternehmen ein ganz wesentlicher Faktor, da er als Unternehmensziel „die aktive Weiterempfehlung seiner Kunden“ verfolgt. In den Schulungen werden Regeln wie „Sauberkeit auf der Baustelle“ und Kommunikationsaspekte wie „Rede nicht über religiöse und private Dinge“ vermittelt.

3.3 Wissensmanagement in der Projektarbeit

Projekte gehören heute fest zum Unternehmensalltag. Dabei ist zwischen internen Projekten und Projekten mit bzw. für den Kunden zu unterscheiden. Während die Durchführung einer Mitarbeiterbefragung ein internes Projekt ist, ist die Herstellung einer Sondermaschine ein Kundenprojekt. Interne Projekte führt jedes Unternehmen durch, während Kundenprojekte von der Art des Unternehmens abhängig sind (prozess- oder projektorientiertes Unternehmen).
Projekte zeichnen sich dadurch aus, dass sie einen definierten Anfang und ein definiertes Ende habe. Projekte werden

nach einer speziellen Projektmanagement-Methodik durchgeführt (vgl. Lessel 2007), in der auch der Umgang mit Wissen eine wichtige Rolle spielt.
Dennoch haben viele Projekte hier große Defizite, die die Unternehmen zu Maßnahmen zur Verbesserung des Projektmanagements veranlassen, z.B. durch:

- Schulen der Projektleiter und Mitarbeiter
- Regelmäßige Projektreviews
- Verbesserung der PM-Handbücher und -Prozesse etc.

Projektphasen

Die Funktion von Wissensmanagement ist: das bestehende Projektmanagement unter dem Blickwinkel der Ressource Wissen zu betrachten und zu optimieren.

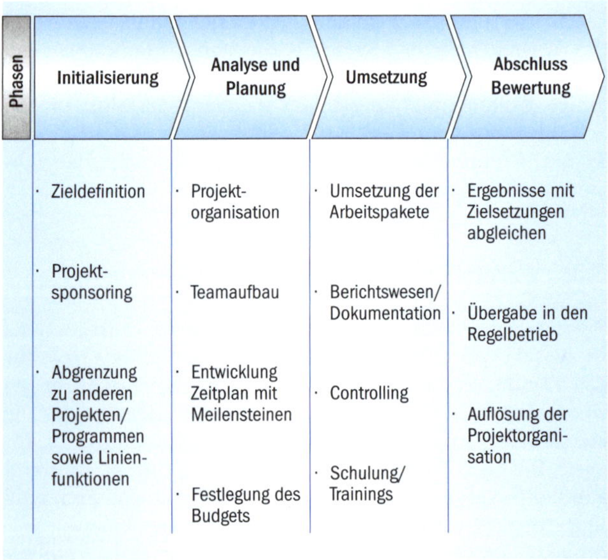

Abb. 16: Projektphasen und ihre Aufgaben im Projektmanagement

Dabei bietet es sich an, die Verbesserungspotenziale in den einzelnen Phasen des Projektes zu identifizieren, da für jede Projektphase spezifische Anforderungen an das Wissensmanagement gestellt werden.
In der Definitionsphase gilt es, notwendiges Wissen zu identifizieren. In der Planungsphase muss notwendiges Wissen erworben werden und beim Projektteam müssen fehlende Kompetenzen aufgebaut werden.
In der Realisierungsphase wird Wissen angewendet, neues Wissen erzeugt, es wird Wissen gespeichert und verteilt. Während der Projektabschlussphase liegt der Schwerpunkt darin, Wissen zu bewahren und zum nächsten Projekt zu transferieren.

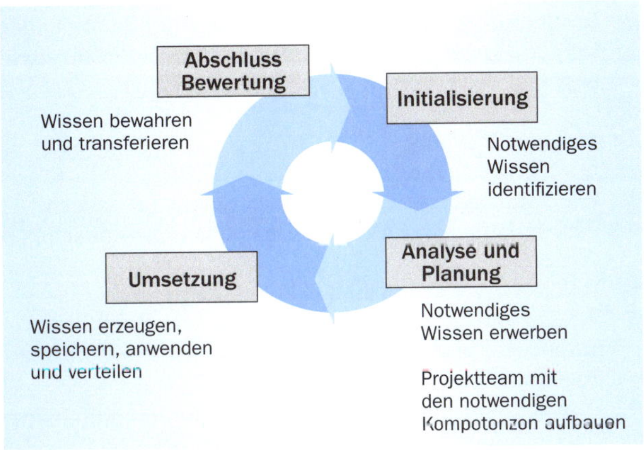

Abb. 17: Wissensbausteine in den einzelnen Projektphasen

Wichtige Fragestellungen und Aktivitäten

In den einzelnen Projektphasen ergeben sich darüber hinaus konkrete Fragestellungen, die entsprechende Aktivitäten für eine erfolgreiche Projektarbeit nach sich ziehen.

Initialisierung

Wichtige Fragestellungen:

- Welches Wissen wird im Projekt benötigt, um das gesetzte Ziel zu erreichen?
- Welche Wissensziele werden neben den Geschäftszielen verfolgt?
- Wer sollte die Projektleitung übernehmen? Wer verfügt über Erfahrung und Wissen im geforderten Thema? Wer verfügt über notwendige Fähigkeiten (z.B. Konfliktmanagement, Budgetierung und Controlling)?

Wichtige Aktivitäten:

- Definition der Wissensziele in Abhängigkeit erzielter Ergebnisse anderer Projekte (aus Projektdatenbank)
- Bestimmung der Projektleitung aufgrund vorliegender Informationen (z.B. Gelbe Seiten, Projekterfahrungsberichte, Bewertungen aus anderen Projekten)

Analyse und Planung

Wichtige Fragestellungen:

- Wie kann das notwendige Wissen aufgebaut werden?
- Welche Personen (intern/extern) haben das notwendige Wissen?
- Welche Personen bilden das Projektkernteam?
- Welche Verfügbarkeit besteht für die einzelnen Projektmitglieder (in Abhängigkeit zu anderen Projekten und Tagesgeschäft)?
- Welches Wissen und welche Kompetenzen (fachlich, sozial) liegen bei den Projektmitgliedern vor?
- Welche weiteren Experten werden benötigt?

Wichtige Aktivitäten:

- Nutzung bestehender Wissensquellen, z.B. Dokumentation abgeschlossener Projekte (Projektdatenbank), Personensteckbriefe (Gelbe Seiten)
- Auswertung von Lessons Learned, Best Practices aus der eigenen Organisation

Umsetzung
Wichtige Fragestellungen:
- Wie soll der Start des Projektes erfolgen?
- Wie soll die Informationserfassung und -verteilung im Projekt erfolgen?
- Schnittstelle Kommunikation: Wer muss wann worüber informiert werden?
- Existieren noch zu schließende Wissenslücken im Projekt(team)?

Wichtige Aktivitäten:
- Nutzung standardisierter Formulare und Vorlagen für die Erfassung und den Transfer von Informationen
- Definition der technologischen Unterstützung für die Wissensspeicherung und -verteilung (z.B. Wikis, Projekträume)
- Einbindung der identifizierten Experten für den Wissenstransfer
- Training/Schulung/Coaching zur Schließung von Wissenslücken

Abschluss und Bewertung
Wichtige Fragestellungen:
- Welches Wissen wurde im Projekt zusätzlich erworben?
- Was wurde darüber hinaus im Projekt gelernt (Lessons Learned)?
- Wie erfolgreich war die Zusammenarbeit im Projektteam bzw. mit Projektbeteiligten?
- Wurde ein neues Expertennetzwerk geschaffen?
- Ist das Wissen auch relevant für andere Projekte/Bereiche und sollte vermittelt bzw. transferiert werden?

Wichtige Aktivitäten:
- Projektdokumentation und Aktualisierung der Projektdatenbank
- Dokumentation der Lessons Learned
- Aktualisierung der Personensteckbriefe (Gelbe Seiten)

- Wissenstransfer oder sogar -vermarktung guter Projektideen
- Erfassung der so genannten „Best Practice“

Wissenserhalt bei Projektabschluss: Die Methode Debriefing

Die kritische Phase eines Projektes ist in der Regel der Abschluss: Häufig wird er aus vermeintlichem Zeitmangel nicht sorgfältig oder umfassend genug ausgeführt.

> Für das interne Wissensmanagement ist es jedoch unerlässlich, dass die (Projekt-)Erfahrungen dem gesamten Unternehmen zur Verfügung gestellt werden, da sonst immer wieder die gleichen Fehler gemacht werden.

Die Erfahrungssicherung und der -transfer funktionieren nur in den seltensten Fällen. Die Methode Debriefing ist geeignet, dies zu verändern.
Debriefing umfasst spezifische Aktivitäten zur Sicherstellung eines effizienten und zielgruppenbasierten Wissenstransfers nach Abschluss eines Projektes. Dabei steht die menschliche Interaktion im Vordergrund. Ergebnisse eines Debriefings können als so genannte Lessons Learned oder Best Practice dokumentiert oder mündlich kommuniziert werden.

- Lessons Learned beinhaltet das Verdichten und schriftliche Festhalten von Erfahrungen, Entwicklungen oder auch Fehlern, die in einem Projekt gemacht werden und deren Beachtung für zukünftige Projekte nützlich sein kann.
- Best Practice beschreibt ein bewährtes und empfehlenswertes Vorgehen.

Beim Debriefing geht es in erster Linie darum, ein Projekt nochmals kritisch zu reflektieren, um sowohl aus den Erfolgen als auch aus den Fehlern für zukünftige Projekte zu lernen.

Ziele und Nutzen des Debriefings:

- Fehler nicht wiederholen, Doppelarbeit vermeiden
- Erfolgreiche Erfahrungen (Best Practices) weitergeben
- Von Erfahrungen anderer profitieren
- Projektarbeit kontinuierlich verbessern
- Leistung (individuell, Team, Organisation) verbessern

Fragen zum Anregen eines Debriefing-Workshops

Frage zum Einstieg:

- Was lief gut? / Was lief schlecht?

Fragen zum Projekt-Management

- War der Zeitplan realistisch?
- Waren die finanziellen, technischen und personellen Ressourcen ausreichend?
- Wurden gesteckte Ziele erreicht oder nicht erreicht?
- Haben wir Ziele übertroffen? Wie?
- Welche Probleme traten auf und wie wurden diese gelöst?
- Traten unerwartete Entwicklungen auf? Wie hat das Team reagiert?
- War die Aufgabe zu Projektbeginn klar definiert?
- War der Kunde mit dem Ergebnis zufrieden?
- Wenn Sie das Projekt nochmal machen müssten, was würden Sie anders machen?
- Wie würden Sie den Wirkungsgrad des Projektes insgesamt beurteilen?

Fragen zum Lernen

- Was waren im Projektverlauf wichtige Ereignisse?
- Was war überraschend, unvorhergesehen?
- Was waren wichtige Einsichten, Lektionen?
- Für wen außerhalb des Projektteams könnten diese Einsichten noch hilfreich sein?
- Welche Erfahrungen/Vorgehensweisen sollten an zukünftige Projekte weitergegeben werden?

Fragen zum Team:

- Haben Experten im Team gefehlt?
- Wie zufrieden waren Sie mit der Kommunikation im Team?
- Wie würden Sie die Zusammenarbeit bewerten?
- Mit wem haben Sie besonders gut zusammengearbeitet?
- Gab es Konflikte? Warum? Wie ist das Team damit umgegangen?

Individuelle Fragen

- Haben Sie im Projekt neue fachliche oder methodische Fähigkeiten erworben?
- Haben Sie fachliche oder methodische Lücken bei sich entdeckt, die Sie gerne durch eine entsprechende Qualifizierung schließen würden?
- Waren Sie im Projekt auch frustriert und wenn ja, warum?
- Wären Sie in einem vergleichbaren Projekt gerne wieder dabei?

Praxisbeispiel: Ein Planungsbüro

Ein Planungsbüro für Infrastruktur mit der Zentrale in Darmstadt legt im Rahmen seines internen Wissensmanagements sehr großen Wert auf aktuelle Mitarbeiterprofile und Projektsteckbriefe.

Da in dieser Branche teilweise sehr schnell auf Ausschreibungen mit einem qualifizierten Angebot reagiert werden muss, gilt es, schnellstmöglich ein kompetentes Angebotsteam zusammenzustellen und die Projekterfahrungen in das Angebot einfließen zu lassen (Machbarkeit, Kalkulation etc.). Da das Unternehmen dezentral organisiert ist, müssen sowohl die Kompetenzen der Mitarbeiter als auch die Projekterfahrungen elektronisch recherchierbar sein. Das hat die Firma umgesetzt.

Gleichzeitig wird im Rahmen der jährlichen Mitarbeitergespräche darauf geachtet, dass die Profile der Mitarbeiter aktuell gehalten werden.

Wissensmanagement stellt das Verbindungsglied zwischen den einzelnen Projekten und Projektaktivitäten dar.

Durch die Bewahrung dieses wertvollen Wissens geht die Organisation einen wichtigen Schritt in Richtung „Lernende Organisation", in der die einzelnen Erfahrungen weitergegeben werden.

3.4 Infrastruktur

Abgeleitet aus der Wissensbilanz, steht Infrastruktur für das Strukturkapital einer Organisation. Darunter fallen die IT-Infrastruktur, die Organisationsstruktur und auch die etablierten Werte und Regeln der Zusammenarbeit, die Unternehmenskultur.

Die IT-Infrastruktur

Wissensmanagement wurde durc den „Hype" der Softwareindustrie um den Jahrtausendwechsel sehr stark in Verbindung mit dem Einsatz mehr oder weniger innovativer Technologien gebracht.
Bis hierhin sollte deutlich geworden sein, dass Technologie für viele Bereiche des Wissensmanagements ein „Enabler" ist, d.h. Möglichkeiten zum besseren bzw. einfachen Austausch von Informationen schafft.

Prüfen Sie die Möglichkeiten der bestehenden IT-Infrastruktur. Zumeist sind die Funktionalitäten nicht ausgeschöpft und bieten ausreichend Alternativen für ein besseres Wissensmanagement.

Ohne Strukturen und klare Regelungen geht es nicht

Egal ob eine neue Software angeschafft oder mit der bestehenden Infrastruktur weitergearbeitet werden soll: Ohne die klare Festlegung von Regeln geht es nicht.
Die IT-Infrastruktur der Unternehmen ist heute zumeist so vielfältig und ausdifferenziert, dass Klarheit über das Was und Wohin bestehen muss. Welche Daten/Informationen werden wo verwaltet, abgelegt, erneuert?

Adressdaten werden heute beispielsweise in der Personalabteilung, im Buchhaltungssystem, in Outlook und im CRM-System vorgehalten.
Welche E-Mail-Adresse ist nun die aktuelle? Hier gilt es festzulegen, welches System das „führende" ist und bei welchen Systemen es sich um Subsysteme handelt, mit denen ein Adressenabgleich vorzunehmen ist.

Ein anderes Beispiel: Im Rahmen eines Projektes fällt eine Vielzahl von Dokumenten in allen Projektphasen an: In der Angebotsphase werden Kalkulationen erstellt, ein Angebotstext erarbeitet und ergänzende Unterlagen wie Referenzen, Mitarbeiterprofile und ein aktueller Handelsregisterauszug dem Angebot beigefügt – alles Dokumente, die organisiert und verwaltet werden müssen.

> Gut aufgestellt ist ein Unternehmen dann, wenn es eine Regelung für den Umgang mit den Dokumenten getroffen hat, vergleichbar einer Aktenordnung, in der die betreffenden Dokumente dem Vorgang und der jeweiligen Phase zugeordnet sind.

Wikis im Unternehmenseinsatz

Bekannt durch die freie Enzyklopädie Wikipedia erfreut sich diese Technologie auch auf Unternehmensebene einer immer größeren Beliebtheit. Die Attraktivität dieser Lösung liegt für viele in den geringen Anschaffungskosten (Open-

Source-Software) und der einfachen Handhabung, sodass jeder ohne technische Vorkenntnisse Inhalte und Wissensstrukturen erstellen kann.

In einem Wiki können nahezu alle Inhalte abgebildet werden: Prozesse, Projektdokumentationen, Profile, Verträge, ein Glossar usw. Ferner bietet das Wiki eine Volltextsuche, um nach Stichworten zu recherchieren. Der Inhalt ist als Hypertext organisiert. Durch eine einfache Verlinkung werden Texte im Wiki wesentlich dichter miteinander verbunden, als dies beispielsweise bei herkömmlichen Organisationshandbüchern möglich ist.
Ein Wiki lebt davon, dass jeder Mitarbeiter dort jederzeit seine Wissensinhalte dokumentieren kann. Ein aufwendiges Redaktionssystem, bei dem Texte erst freigegeben werden müssen, bevor sie veröffentlicht werden, existiert in der Regel nicht. Aus diesem Grund haben Wikis eine außerordentlich hohe Beteiligungsquote. Gleichzeitig existiert dadurch keine formale Qualitätssicherung. Vor diesem Hintergrund sollte jeder Nutzer auch die Inhalte kritisch betrachten.

Klassifizierung von Wissensmanagement-Systemen

Groupwaresysteme
- Kommunikationssysteme
- Kollaborationssysteme
- Koordinationssysteme

Social Software
- Wikis
- Weblogs
- Social Bookmarking

Inhaltsorientierte Systeme
- Dokumentenmanagementsysteme
- Vertragsmanagementsysteme
- Contentmanagementsysteme

- Portalsysteme
- Lernmanagementsysteme

Systeme der künstlichen Intelligenz
- Expertensysteme
- Agentensysteme
- Text-Mining-Systeme

Führungsinformationssysteme
- Data-Warehouse-Systeme
- OLAP-Systeme
- Data-Mining-Systeme

Sonstige Systeme
- Suchdienste
- Suchmaschinen
- Visualisierungssysteme

Die Organisationsstruktur

Die Organisationsstruktur lässt sich klassisch als Aufbau- und als Ablauforganisation (Prozessorganisation) beschreiben.

Die Aufbauorganisation, visualisiert durch ein Organigramm, ergibt sich aus den Aufgaben einer Organisation und beschreibt die horizontale und vertikale Kommunikation durch Stellen- und Abteilungsbildung.
Zweck der Aufbauorganisation ist es, eine sinnvolle Arbeitsteilung zu erreichen. Sie regelt Aspekte wie:
- Führung
- Kommunikation
- Personalverantwortung
- Ziele
- Verantwortlichkeiten

Die Ablauforganisation (Prozessorganisation) resultiert aus den Tätigkeiten und hat die Optimierung von Abläufen (Prozessen) zum Inhalt.
Die Ablauforganisation dient zur Beherrschung von Handlungskomplexität einer Organisation und bedient sich der Standardisierung. Ihre Ziele sind:

- Maximierung der Kapazitätsauslastung
- Verringerung der Durchlauf-, Warte- und Leerzeiten
- Qualitätssteigerung der Vorgangsbearbeitung und der Arbeitsbedingungen

Der Umgang mit Wissen ist sowohl bei der Aufbau- als auch bei der Ablauforganisation von großer Bedeutung. Für die Ablauforganisation wurde dies im Gestaltungsfeld Geschäftsprozesse dargestellt (vgl. Kapitel 3.2). Für die Aufbauorganisation lautet eine zentrale Frage:

> Inwieweit unterstützt oder behindert das organisatorische Gerüst den Umgang mit Wissen?

Die Aufbauorganisation stellt die hierarchische Grundstruktur einer Organisation dar, in der die Kommunikation in der Regel formalisiert ist (Bereitstellung von Vorlagen, Arbeitsanweisung/-hilfen etc.) und vertikal verläuft.
Aufgrund des hierarchischen Aufbaus ist es oft nicht möglich, Schnittstellenprobleme und andere komplexe Probleme effizient zu lösen. Benötigt werden hier andere Möglichkeiten, diese Probleme in den Griff zu bekommen:

- Ein Weg ist die Einrichtung hierarchieübergreifender Gruppen, wie Qualitätszirkel, in denen Schnittstellenprobleme gelöst werden und sich Experten mit ihrem Wissen austauschen können.
- Eine andere Möglichkeit ist die Arbeit in Projektteams, die abteilungsübergreifend zusammengesetzt sind. In diesen müssen flache Hierarchien herrschen und ein intensiver Austausch zwischen den Personen mit verschiedenen Erfahrungshintergründen gewährleistet sein (vgl. Kapitel 3.3).

Wissensmanagement – Instrumente und Methoden

Storytelling

Storytelling ist eine Erzählmethode, mit der explizites, aber vor allem implizites Wissen in Form einer Metapher weitergegeben und aktives Zuhören initiiert wird. Die Zuhörer werden in die erzählte Geschichte eingebunden, damit sie den Gehalt der Geschichte leichter verstehen. Dadurch wird der Inhalt nicht nur „gehört", sondern auch „erlebt". Das hat den Vorteil, dass das zu transportierende Wissen eher verstanden und angenommen wird. Storytelling ist eine alte schamanische Technik und wird u.a. in der Erwachsenenbildung und im Wissensmanagement und als Methode zur Problemlösung eingesetzt.

Wissenscafé

Ein Wissenscafé ist ein Instrument für Gruppenaktivitäten wie Fachtagungen, Konferenzen oder Sitzungen, mit dessen Hilfe der Gedanken- und Meinungsaustausch der gesamten Gruppe angeregt werden soll, und zwar in Form eines kollektiven Brainstormings. Ein Gruppen-Plenum wird dabei in kleinere Gruppen von fünf bis sechs Personen aufgeteilt, die sich jeweils an einem runden Caféhaus-Tisch versammeln, um zu einer spezifischen offenen Fragestellung oder einem bestimmten Thema zu diskutieren. Ein „Caféhaus-Besitzer" moderiert die Diskussion. Nach einer vorher festgelegten Zeit (z.B. 45 Minuten) wechseln die Café-Besucher den Tisch und wandern ins nächste Wissenscafé – so lange bis jede Gruppe einmal jedes Café besucht hat. Die Caféhaus-Besitzer bleiben am Tisch zurück und geben der ankommenden Gruppe eine kurze Zusammenfassung ihres Diskussionsthemas sowie der Ergebnisse der Vorgruppe (ca. zehn Minuten). Ebenso erstattet die neu angekommene Gruppe einen kurzen Bericht über den Diskussionsverlauf in ihrem vorherigen Café. Auf Basis beider Zusammenfassungen eröffnen sie anschließend eine neue Diskussion. Der Caféhaus-Besitzer visualisiert die Ideen und Diskussion beispielsweise auf einer Metaplanwand.

Wissensmarktplatz

Der Wissensmarktplatz ist eine Veranstaltung, zumeist in einem Unternehmen, bei der sich Gruppen, Funktionen oder Bereiche in Form von „Marktständen“ einander vorstellen. Durch Präsentationen werden auf dynamische und spielerische Weise die Kommunikation, Interaktion und Information gefördert. Neben den Mitarbeitern eines Unternehmens können ebenso Zulieferer oder Kunden zu einem „Tag der offenen Tür“ geladen werden. Die Ziele/der Nutzen:

- Der Wissensmarkt informiert über zentrale Wissensthemen und Wissensträger.
- Der Wissensmarkt stärkt die Identifikation mit dem Unternehmen und den Projekten.
- Informelle Austauschstrukturen werden gefördert.

Wissens-Tandems/Patenschaften

Die Wissens-Tandems sind ein zentrales Element für den Erhalt und die Weiterentwicklung von Wissen. Ältere, erfahrene Mitarbeiter geben ihr Know-how an Kollegen, die an den jeweiligen Arbeitsplätzen unerfahren sind, weiter. Der Wissenstransfer durch Tandems kommt sowohl für neu eingestellte als auch für erfahrene Mitarbeiter, die bisher an anderen Arbeitsplätzen gearbeitet haben, in Frage. Wichtig ist dabei die sorgfältige Vorbereitung der Wissensvermittler auf ihre Tätigkeit: Ihnen sollten grundlegende pädagogische Hilfsmittel und Methoden vermittelt werden. Die Vorteile:

- Das betriebliche Kompetenzniveau wird erhalten und weiterentwickelt.
- Die Einsatzflexibilität der Belegschaft steigt, wodurch sich Möglichkeiten zu abwechslungsreicher und beanspruchungsärmerer Arbeit eröffnen.
- Wissensverluste werden vermieden.
- Neue Mitarbeiter können schneller auf das notwendige Niveau geführt werden.

Organisationsstrukturen sind grundsätzlich positiv zu bewerten, da sie Klarheit und Sicherheit für die Beteiligten schaffen. Einige Organisationen neigen jedoch zu einer Überorganisiertheit, die auch negative Folgen für den Wissensfluss hat.

> Ein Verbot von Gesprächen in Kaffeeküchen oder an Kopierern wäre beispielsweise kontraproduktiv, da dies wichtige Möglichkeiten des informellen Wissensaustausches sind. Sie schaffen die Freiräume, die notwendig sind, um wichtige Impulse für neue Lösungswege aufzunehmen.

Bei der Ablauf- und der Aufbauorganisation sollte darauf geachtet werden, dass solche Freiräume (auch außerhalb von Projekten) erhalten bleiben, da es letztlich auf das Zusammenspiel von Vorgaben und Freiräumen ankommt. Frei nach Paracelsus: Auf die richtige Dosis kommt es an!

Die Unternehmenskultur

Die Unternehmenskultur ist die Basis für ein effizientes Wissensmanagement. Eine klare und ausgeprägte Kultur bildet die Grundlage für das Handeln im Unternehmen und somit auch für den Umgang mit Wissen.

Es gilt, für das Wissensmanagement die Regeln und Normen aufzustellen, nach denen Wissen und Informationen geteilt, verarbeitet usw. werden.
Sollten Änderungen das Ziel sein, ist dies ein Führungsprozess, in dem der Führungskraft unter anderem eine Vorbildrolle zukommt. Dabei ist auch darauf zu achten, dass Änderungen Zeit brauchen und sehr anfällig sein können.

> So kann beispielsweise eine „Entlassungswelle" einen Großteil der Veränderungsmaßnahmen wieder zunichtemachen und das Vertrauen der Mitarbeiter in die Organisation schmälern.

Praxisbeispiele: Ein Technologieunternehmen und ein Entsorger/Baustofflieferant

Ein innovatives Technologieunternehmen aus Chemnitz verzichtet auf den Einsatz von Datenbanken zur Dokumentenablage. Vielmehr hat es klare Regeln zur Ablagesystematik für sich definiert.
Zur Ablage von aktuellen Informationen aus Fachzeitschriften hat es die 50 wichtigsten Themenfelder definiert und ein bestimmtes Verfahren festgelegt – unter anderem sind Mitarbeiter als Themenverantwortliche benannt, die kontinuierlich Informationsquellen nach wertvollen Inhalten auswerten und gefundene Dokumente ablegen.

Ein Entsorger und Baustofflieferant aus Dortmund reagierte auf die wachsende Komplexität und zunehmende Dynamik seines Marktumfeldes frühzeitig mit der Einführung verschiedener Wissensmanagement-Aktivitäten. Dabei spielten die lernende Organisation und die Bildung einer „Wissens-Community" eine wichtige Rolle.
Bei der Gestaltung der Community stellte sich unter anderem eine Frage: Wie viel Transparenz lässt das Unternehmen zu? Die Antwort lautet hier: vollständige Transparenz – außer bei Gehältern, Preislisten und M&A-Aktivitäten (Unternehmenskäufe/-beteiligungen).
Für das Unternehmen ist dies Gegenstand des Leitbildes, für die Mitarbeiter ist diese Transparenz ein wichtiges Signal, um auch ihr Wissen transparent zu machen und zu teilen.

3.5 Die Mitarbeiter und Mitarbeiterinnen

Die überragende Bedeutung der Mitarbeiter eines Unternehmens beim Wissensmanagement dürfte deutlich geworden sein. Mitarbeiter wenden ihr Wissen für die Entwicklung neuer Produkte an, teilen ihr Wissen (oder eben nicht),

dokumentieren Wissen oder nehmen an einer Weiterbildung teil, um neues Wissen zu erlangen.
Um das zu ermöglichen, müssen bestimmte Rahmenbedingungen in einem Unternehmen gegeben sein. Aspekte wie Betriebsklima, Vertrauenskultur und Teamarbeit spielen hier eine wesentliche Rolle.

Rolle der Führungskräfte

Derartige Rahmenbedingungen zu schaffen und lebendig zu halten, ist die Aufgabe der Führungskräfte. Idealerweise definieren sie gemeinsam mit den Mitarbeitern ein Leitbild für die Zusammenarbeit und sorgen im Anschluss für dessen Einhaltung. Die so definierten Werte und Regeln sind die Richtschnur für die Zusammenarbeit.
Aber nicht nur die Einhaltung der „weichen Faktoren“ liegt in der Verantwortung der Führungskraft: die wissensorientierte Prozessgestaltung, der effiziente IT-Einsatz oder die erfolgreiche Projektarbeit sind ebenfalls ihre Gestaltungsfelder.

> Gute (Mitarbeiter-)Führung ist ein ganz wesentlicher Erfolgsfaktor für ein gutes Wissensmanagement und Führungskräfte werden immer mehr zu Wissensmanagern.

Unterstützung als Wissensmanager bekommen Führungskräfte beispielsweise aus dem Personalwesen, wenn es um die Wissensentwicklung der Mitarbeiter geht. Ob Organisation einer externen Schulung oder Potenzialanalyse der Mitarbeiter: Zumeist ist die Personalentwicklung der Ansprechpartner.
Ein Instrument, das Transparenz über die bestehenden Kompetenzen einer Organisation liefert, ist die Kompetenzmatrix. Danach werden die für die Organisation notwendigen Kompetenzen aufgelistet, einzelnen Mitarbeitern zugeordnet und hinsichtlich ihrer Spezialisierung beurteilt.

- Herr Meier ist „Experte“ im Drehen und Schleifen und „Kenner“, wenn es um das Galvanisieren geht.
- Frau Schulte ist „Expertin“ für die Buchhaltung und „Kenner“, wenn es um Tabellenkalkulation geht.

Ist diese Transparenz erst einmal gegeben, lassen sich daraus Schlüsse über notwendige Weiterbildungsmaßnahmen ziehen, aber auch so genannte kritische Wissensbereiche aufdecken.

Kritische Wissensbereiche sind z.B. solche, in denen es um unternehmenswichtige Kompetenzen geht, die aber nur einmal im Unternehmen vorhanden sind. Sollte sich ein Mitarbeiter entscheiden, das Unternehmen zu verlassen, oder geht er in den Ruhestand, bedeutet dies einen herben Wissensverlust für das Unternehmen.

Die Aufgabe des Wissensmanagements besteht in diesem Fall darin, die Transparenz zu erzeugen und anschließend einen Wissenstransfer innerhalb des Unternehmens (beispielsweise zu einem Kollegen) anzustoßen.

Mitarbeiter-schulen-Mitarbeiter-Konzept

Der Wissenstransfer zu einem Kollegen kann dabei individuell gesteuert sein oder sich im Rahmen eines „Mitarbeiter-schulen-Mitarbeiter-Konzepts“ wiederfinden. Solche Konzepte sind hocheffizient, müssen aber organisiert und gesteuert sein.

Worum geht es? Mitarbeiter lernen „on the Job“, aber auch durch externe Schulungen. Diese Lernerfahrung zu teilen, ist die Idee hinter einem Mitarbeiter-schulen-Mitarbeiter-Konzept. Der Schulungsleiter ist der Mitarbeiter selbst, die Teilnehmer sind seine Kollegen.

Hierzu ein Beispiel aus dem Service-Center eines Kfz-Versicherers: Durch Kurzschulungen von ca. 15–30 Minuten geben Mitarbeiter ihr Wissen an Kollegen weiter. Dabei organisiert eine Person Wissensangebote und -nachfragen zu interessanten

Themen. Interessierte versammeln sich zu einer verabredeten Zeit direkt an einem Arbeitsplatz. Die Abwicklung von Schadensfällen bei Hagelereignissen oder die effiziente Nutzung der EDV-Eingabemaske sind Beispiele für solche Schulungsmaßnahmen.

Positiv ist hierbei: Die Lernerfahrungen stammen direkt aus der Praxis und haben dadurch einen unmittelbaren Anwendungsbezug.

Gelbe Seiten bzw. Expertenverzeichnis

Die „Gelben Seiten" sind ein weiteres erprobtes Wissensmanagement-Instrument, dessen Leitidee dem des Branchenbuchs (Gelbe Seiten) entspricht. Hierbei handelt sich um ein Expertenverzeichnis, das Kompetenzen und Projektbeteiligungen von Mitarbeitern transparent und recherchierbar macht.
Der Vorteil liegt darin, dass es häufig viel effizienter ist, mit Wissensträgern direkt in Kontakt zu treten, anstatt lange in Dokumenten zu suchen. Neben den Vorteilen existieren aber auch einige Nachteile: Beispielsweise sind die Beurteilung der Kompetenzen (Experte oder Kenner?) und der kontinuierliche Pflegeaufwand Faktoren, die den Aufbau und die Pflege behindern.

Trotz dieser nachteiligen Faktoren gehören die Gelben Seiten zu den beliebtesten Instrumenten, da ihr Nutzen überwiegt. Soll beispielsweise ein neues Projektteam zusammengestellt werden, liefern die Gelben Seiten wichtige Hinweise auf Kompetenzen und Projekterfahrungen der Mitarbeiter.

Communities of Practice

Gerade für dezentrale Organisationen ist die Wissensteilung eine große Herausforderung, insbesondere wenn es um die Verbreitung von Expertenwissen geht. Die Bildung von Gemeinschaften, so genannten Communities (of Practice), ist hier ein wichtiger Ansatz, um implizites Wissen zu teilen. Diese Experten-Netzwerke entstehen nicht zwangsläufig und ihr Bestand ist nicht selbstverständlich.

Die Aufgabe von Wissensmanagement ist es, die relevanten Themen zu lokalisieren, Experten zu finden und die Community aufzubauen und zu gestalten.

Wichtige Faktoren sind hierbei:

- Klar definierter Themenfokus
- Freistellung der Mitarbeiter für die Community-Arbeit durch das Management
- Gut geplanter Community-Start (persönliches Treffen)
- Unterstützung der Community durch eine virtuelle Plattform
- Moderation der Community

Communities haben in Zeiten des Internets auch über die Unternehmensgrenzen hinweg eine zunehmende Bedeutung für den Wissensaustausch erhalten. Zu nahezu jedem Thema bestehen entsprechende Gruppen/Foren im Internet, auch zum Thema Wissensmanagement (siehe Linkliste). Ein sehr breites Angebot an unterschiedlichen Interessengruppen bietet beispielsweise die Plattform Xing.

Ideenmanagement

Meist wissen die Mitarbeiter sehr gut, wie man Produkte und Prozesse verbessern kann – nur sagen sie es nicht immer gleich. Ein Ideenmanagement ist die organisierte Form, das Wissen der Mitarbeiter für die Verbesserung der Produkte, Prozesse etc. zu nutzen.
Dabei werden Verbesserungsvorschläge in der Regel dadurch motiviert, dass der Mitarbeiter eine Prämie erhält. Diese Prämie orientiert sich an der Einsparleistung des Vorschlages für den Betrieb. So motiviert, reichen einer Studie zufolge 72 von 100 Mitarbeitern eines Unternehmens ihre Vorschläge ein. Im Rahmen des Ideenmanagements werden

diese Vorschläge durch eine Jury bewertet und ggf. umgesetzt. Der Realisierungsgrad liegt bei durchschnittlich 65 %.

Fach- und Führungskräftewechsel

Ein Personalwechsel bei Fach- und Führungskräften stellt immer ein Risiko dar:

- Wichtige Projekte müssen weiterlaufen,
- sensible Kundenkontakte müssen aufrechterhalten werden,
- die strategische Unternehmensentwicklung muss weitergeführt
- oder essenzielle Forschungs- und Entwicklungsarbeit geleistet werden.

Verlässt ein Mitarbeiter das Unternehmen, geht womöglich wertvolles Erfahrungswissen (implizites Wissen) verloren, und auch bereits dokumentiertes Wissen (explizites Wissen) kann nach dem Ausscheiden einer Fach- oder Führungskraft ungesehen in den Aktenordnern „verstauben“.

Die Gründe, die einen Fach- und Führungskräftewechsel notwendig machen, sind vielfältig. Auslöser für einen Fach- und Führungskräftewechsel können sein:

- Altersbedingtes Ausscheiden
- Projektabschluss
- Auslandseinsatz
- Inanspruchnahme von Elternzeit
- Jobrotation
- Allgemeine Fluktuation von Fach- und Führungskräften

In jedem Fall gilt es, das Wissen des ausscheidenden Mitarbeiters im Unternehmen zu sichern und die Einarbeitung der nachfolgenden Person oder den Wissenstransfer an relevante Personen so umfassend und effektiv wie möglich zu gestalten.

Strukturierter Erhalt des betrieblichen Know-hows

Eine wohl bekannte Situation: Der Termin für das Ausscheiden des Mitarbeiters stand seit Monaten fest, ein rechtzeitiger Wissenstransfer hat aber nicht stattgefunden, allenfalls einige kurze Gespräche in den letzten Arbeitstagen oder -wochen. Nun ist der Mitarbeiter nicht mehr im Unternehmen, sein Wissen ebenso wenig. Kurz danach treten die ersten Fragen und Wissenslücken auf.

Die fehlende Durchführung von Wissenserhalt und -transfer lässt sich häufig auf das Fehlen einer strukturierten Vorgehensweise zurückführen. Ein pragmatisches Vorgehen sollte daher auch immer die Implementierung von Regelprozessen und -aktivitäten im Unternehmen mit einschließen, um die Tätigkeiten im Zusammenhang mit dem Fach- und Führungskräftewechsel ablauf- und aufbauorganisatorisch im Unternehmen zu verankern.

Um diesen Anforderungen zu entsprechen, bietet sich folgende Vorgehensweise an:

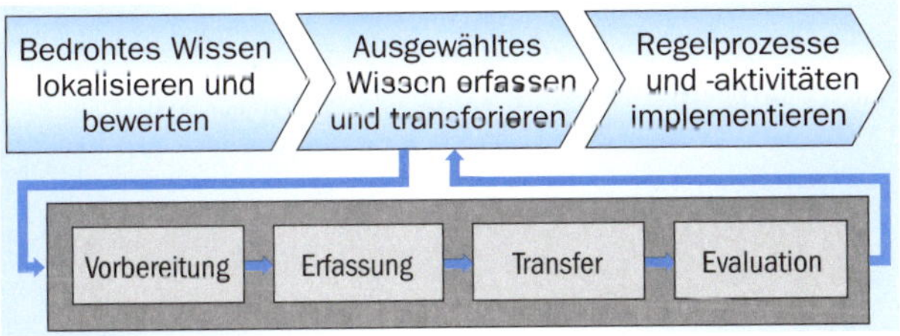

Abb. 18: Prozess für den Wissenserhalt und -transfer

Bedrohtes Wissen lokalisieren und bewerten

Ausgangspunkt ist die Schaffung von Transparenz über den drohenden Wissensabfluss. Mittels Wissenslandkarten können zentrale Wissensträger in unternehmenskritischen Wissensbereichen lokalisiert werden.

Durch die Ermittlung des „Verlustrisikos“ werden die Bereiche und Personen im Unternehmen für die anschließenden Transferprojekte priorisiert.

Diese Ebene der strategischen Planung setzt sich insbesondere mit den weit reichenden Konsequenzen des demografischen Wandels auseinander und dient der mittel- und langfristigen Nachfolgeplanung.
Ziel ist es – neben der Identifikation von Wissensgebieten für den Transfer –, das Thema nachhaltig in der Organisation und den Unternehmensprozessen zu verankern, damit das betroffene Unternehmen den Fach- und Führungskräftewechsel in der Zukunft selbst gestalten und steuern kann.

Ausgewähltes Wissen erfassen und transferieren
Diese Phase untergliedert sich noch einmal in die Schritte Vorbereitung, Erfassung, Transfer und Evaluation für die operative Gestaltung des Wissenstransfers im Einzelfall.
Transferprojekte werden in ausgewählten Bereichen mit selektierten Personen gestartet, um einerseits den akuten Handlungsbedarf zu decken und um andererseits für die Gesamtinitiative breite Unterstützung im Unternehmen zu sichern.

Vorbereitung	Erfassung	Transfer	Evaluation
· Vertrauensbasis aufbauen · Informationsbasis schaffen · Zielsetzungen definieren · Methoden abstimmen	· Überblick über Wissensgebiete erarbeiten · Prioritäten festlegen · Erfahrungswissen erfassen und dokumentieren · Transferplan erarbeiten	· Transfer starten (z.B. Übergabegespräche, Schulungen) und moderieren · Maßnahmenplan für die nachfolgende Person festlegen	· Ergebnisse mit Zielsetzungen abgleichen · Prozess bewerten („Lessons learned") · Optimierungsvorschläge an das Management geben

Abb. 19: Prozess für die Erfassung und den Transfer von Wissen

Wichtige Grundlagen eines jeden Projektes sind zum einen die Vertrauensbildung zu den beteiligten Personen (Vorgänger, Nachfolger, Vorgesetzter), zum anderen die Definition der Zielsetzungen und Erwartungen der Beteiligten.

Ein weiteres wichtiges Hilfsmittel zum Transfer von Erfahrungswissen ist die Unterteilung in Wissenskategorien. Die Wissenskategorien geben die Bereiche vor, in denen wichtiges Erfahrungswissen einer ausscheidenden Person vorliegen kann.

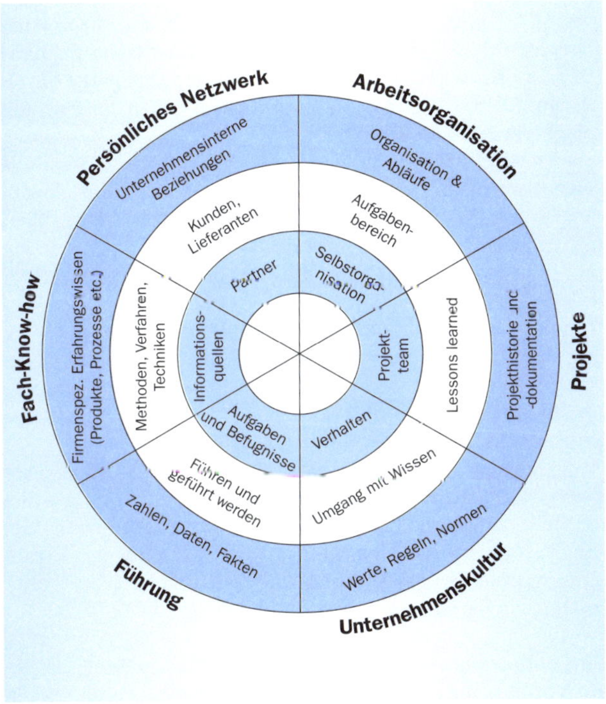

Abb. 20: Wissenskategorien

Je nach Tätigkeitsschwerpunkt werden unter anderem auch verschiedene Steckbriefe als Erfassungsmedium eingesetzt, um beispielsweise das Wissen aus abgeschlossenen oder aktuellen Projekten zu dokumentieren, an denen die ausscheidende Person beteiligt war.

Die erzielten Ergebnisse werden anschließend in moderierten Übergabegesprächen mit der nachfolgenden Person diskutiert und vom Vorgänger erläutert. Ziel ist es, dem Nachfolger Sicherheit für die anstehenden Aufgaben zu geben.
In diesem Zusammenhang hat es sich in der Praxis bewährt, einen Maßnahmenkatalog für die ersten Wochen nach Ausscheiden des Vorgängers zu erarbeiten. Durch die definierten und priorisierten Maßnahmen erhält der Nachfolger eine sehr gute Orientierung und Unterstützung in der Planung seiner zukünftigen Tätigkeiten.

Nach dem erfolgten Transfer wird eine Evaluation sowohl des Prozesses als auch der erzielten Inhalte durchgeführt, um für weitere Transferprojekte mögliche Verbesserungen im Sinne der „Lessons learned" erzielen zu können.

Regelprozesse und -aktivitäten implementieren

Auf der Grundlage der ersten Transferprojekte und der gewonnenen Erkenntnisse können nun Prozesse und Tätigkeiten im Unternehmen im Umgang mit Fach- und Führungskräftewechseln gestaltet und realisiert werden.
Aufgrund der engen Beziehung zum Thema werden diese Prozesse oftmals im Personalbereich angesiedelt, sodass diese Stelle zentraler Ansprechpartner für alle anderen Geschäftsbereiche wird. Dadurch wird der Umgang mit Erfahrungswissen bei Ausscheiden wichtiger Mitarbeiter nachhaltig im Unternehmen verankert.

Fragenkatalog Fach- und Führungskräftewechsel

Im Vorfeld eines Fach- und Führungskräftewechsels sollten viele Fragen gestellt und beantwortet werden. Das könnten z.B. in den einzelnen Wissenskategorien die im Folgenden beschriebenen sein.

Wissenskategorie Arbeitsorganisation

Aufbauorganisation

- Wie sieht die Organisationsstruktur in Ihrem Bereich aus?
- Gibt es ein Organigramm, ein Organisationshandbuch?
- Wie gestaltet sich die Führungsstruktur?
- Welche Kommunikationslinien existieren?
- Wie sind die Verantwortlichkeiten geregelt?
- Wie sehen die Vertretungsregelungen aus?
- Wie oft wurde die Aufbauorganisation geändert?
- Ist der Zuschnitt sinnvoll oder nicht? Warum?
- Wie sieht es in anderen Organisationen zum Vergleich aus?

Ablauforganisation

- Wie ist die Prozessorganisation gestaltet?
- Gibt es ein Prozesshandbuch?
- Wie ist Ihr Aufgabenbereich in die Ablauforganisation eingebunden?
- Welche internen Prozessschnittstellen gibt es?
- Welche Schnittstellen zu externen Prozesse gibt es (z.B. durch Outsourcing)?
- Welche (Routine-)Abläufe würden Sie gerne ändern? Warum?
- Wo werden Ressourcen verschwendet?
- Wo gibt es häufig Missverständnisse?
- Welche Aha-Erlebnisse hatten Sie und wie würden Sie diese beschreiben?
- Gibt es Beispiele guter Praxis in Ihrer Organisation?

Selbstorganisation

- Ablage und Ordner
  – Auf welchem Laufwerk befinden sich relevante Daten (Gruppenlaufwerk, persönliches Laufwerk ...)?

– Wo (in welchen Ordnern) befinden sich wichtige Daten und Informationen (Fachinformationen, Projektdokumentationen, Protokolle, Präsentationen etc.)?
– Welche Struktur zur Ordnung der Daten und Informationen haben Sie gewählt?
– Warum haben Sie diese Struktur gewählt?
– Auf welche Datenquellen haben Sie zurückgegriffen (z.B. Datenbanken)?
– Wie bewerten Sie diese Quellen? Wie hilfreich sind diese für Sie gewesen?
– Wer außer Ihnen weiß über die Ordnerstruktur/Ablage Bescheid?

- Korrespondenz und Kommunikation
  – Wie gehen Sie mit E-Mails um? Wie ordnen/sortieren Sie die E-Mails?
  – Welche Informationen befinden sich in Ihren E-Mails (Notes)?
  – Haben Sie von wichtigen E-Mails Ausdrucke gemacht und abgeheftet oder diese als Datei abgespeichert?
  – Welche Systeme zur Kommunikation mit Externen nutzen Sie?
  – Wo ist wichtige Korrespondenz im Rahmen der Tätigkeiten dokumentiert (online/offline)?

- Berechtigungen
  – Für welche der Datenquellen haben Sie eine Berechtigung benötigt? Wie haben Sie diese erhalten?
  – Für welche weiteren Applikationen (z.B. MIS, Fachapplikationen) haben Sie welche Zugriffsrechte?
  – Haben Sie noch Zugriffsrechte auf externe Wissensquellen, die Sie in Ihrer täglichen Arbeit einsetzen?
  – Hat außer Ihnen noch jemand Zugriff auf Ihren Postkorb?

Wissenskategorie Projektwissen

Projekterfahrung:

- An welchen Projekten waren Sie beteiligt (Ziel, Inhalte, Größe/Volumen)?
- Welche laufenden Projekte gibt es derzeit mit Ihrer Beteiligung?
- Welche Personen sind im aktuellen Projektteam?
- Wie sieht die aktuelle Projektorganisation aus?
- Welche Rolle/Verantwortlichkeit hatten/haben Sie in den Projekten?
- Wie hängen diese Projekte mit den Produkten/Dienstleistungen des Unternehmens zusammen?
- Haben Sie Ideen für weitere Projekte, die bisher nicht realisiert wurden?

Projektmanagement:

- Welche Projektmanagement-Skills haben Sie?
- Welche Standards im Projektmanagement gibt es?
- Welche haben Sie davon eingesetzt und warum?
- Welche unterstützenden Werkzeuge (z.B. Applikationen, Templates) haben Sie im Rahmen Ihrer Projekte benutzt? Wie schätzen Sie diese ein?
- Wie erfolgt(e) die Dokumentation der Projekt(zwischen)ergebnisse?

Lessons learned

- Welche Lernerfahrungen haben Sie in den Projekten gemacht?
- Welche Projekte waren besonders?
- Welche Erfolgsgeschichten gibt es?
- Was ist gut/weniger gut im Projekt verlaufen?
- Wie können wir es aus Ihrer Sicht beim nächsten Mal besser machen?
- Wie erfolgt der Wissenstransfer in den Projekten (während des Projekts, nach Projektabschluss)?
- Wie könnte ein effektiver Wissenstransfer aus Ihrer Sicht aussehen?

Wissenskategorie Fachwissen

Fachliches Erfahrungswissen:

- Wie haben Sie Ihr Wissen in der Vergangenheit gewonnen?
- Welche fachlichen Rollen/Verantwortlichkeiten hatten/haben Sie?
- In welchen Bereichen haben Sie welches Wissen (Grundwissen, Expertenwissen)?
  - Produkte/Dienstleistungen
  - Prozesse
  - Systeme
  - Markt/Konkurrenz/Wettbewerb
  - ...
- Was ist davon interessant für die Nachfolger?
- Welche alternativen Wissensträger zu Ihnen gibt es?
- Welche kritischen Themen gibt es?
- Welche Wechselwirkungen gibt es zwischen den einzelnen Themen?
- Wo gibt es die größte Komplexität?
- Welchen Stellenwert hat das Produkt bzw. die Dienstleistung (intern, für Kunden)?
- Was leisten unsere Produkte/Dienstleistungen nicht? Was sollten wir verbessern?
- Welche Erwartungen haben Sie bezüglich der zukünftigen Entwicklung?
  - Trends, die unser Geschäft (nachhaltig) beeinflussen werden
  - Aktuelle, zukünftige Zielgruppen unserer Produkte/Dienstleistung
- Welche Risiken sehen Sie für Ihren Aufgabenbereich?
- Was können wir tun, um uns bestmöglich auf die Zukunft und den Umgang mit den Risiken vorzubereiten?

Methoden, Verfahren, Vorgehensweisen:

- Welche Standards, Techniken, Methoden haben Sie im Rahmen Ihrer Tätigkeit eingesetzt? Warum? Welche waren für Sie besonders hilfreich?

- Welche Qualifikationen und Fähigkeiten werden Ihrer Meinung nach für die Aufgabenbewältigung benötigt?
- In welchem Zusammenhang haben Sie intuitiv gehandelt und warum?

Wichtige Informationsquellen:
- Welche internen/externen Informationsquellen nutzen Sie bzw. sind für Sie besonders hilfreich?
  – Welche Personen kontaktieren Sie in welchen Fällen?
  – Welche technischen Hilfsmittel bieten Ihnen die beste Unterstützung in welchen Themen?
- Welche internen/externen Weiterbildungsmöglichkeiten sind für den Aufgabenbereich sehr wichtig, wichtig, weniger wichtig?

Wissenskategorie Führungswissen

Aufgaben und Befugnisse:
- Wie sieht Ihr Verantwortungsbereich aus?
- Welche sind Ihre expliziten/impliziten Aufgaben?
- Welche Führungsaufgaben haben Sie?
- Welche regelmäßigen Termine, Meetings etc. gibt es, an denen Sie teilnehmen? Welche Priorität haben diese?
- Welche Ziele verfolgen die einzelnen Treffen, Meetings etc.? Wer nimmt daran teil?
- Welche Vorbereitung ist für die jeweiligen Meetings notwendig?
- Welche Berechtigungen und Kompetenzen haben Sie? Welche davon muss auf wen in der Nachfolge übergehen, damit Geschäftsprozesse weiterlaufen?
- In welche Reportingprozesse sind Sie eingebunden?
- Welche Berichte müssen Sie wann an wen liefern?
- Welche Berichte werden Ihnen von wem wie regelmäßig geliefert?

Führen und geführt werden:
- Welche Erwartungen werden generell an Führungskräfte in der Organisation gestellt, welche speziell an Sie als Führungskraft?
- Welche Führungserfahrungen haben Sie gemacht?
- Wie wurden Sie geführt?
- Wie haben Sie geführt (Führungsstil)?
- Welche Ziele wurden mit den Mitarbeitern definiert?
- Welche Mitarbeiter sind Leistungsträger?
- Welche Entwicklungsmöglichkeiten sehen Sie für Ihre Mitarbeiter?
- Welche Besonderheiten gibt es bei den Mitarbeitern? Was ist zu beachten?

Zahlen, Daten, Fakten:
- Welche Kennzahlen haben Sie in der Führung benötigt? Woher stammen die Zahlen dafür?
- Welche Zielvorgaben existieren für den Organisationsbereich?
- Wie strikt wird die Einhaltung der Zielvorgaben überprüft?
- Über welche Ressourcenausstattung verfügen Sie als Führungskraft (Personal, Budgets, ...)?

Wissenskategorie Beziehungswissen

Internes Beziehungsnetzwerk:
- Welche Beziehungen haben Sie zu anderen internen Organisationseinheiten? Warum?
- Wie gestaltet sich das Zusammenspiel mit anderen Einheiten in der Gesamtorganisation?
  - für fachliche Themen
  - für organisatorische Themen (z.B. HR)
- Welche Personen (Wissensträger) sind besonders wichtig für die eigene Aufgabenerfüllung?
- Wen sollte die nachfolgende Person kennen lernen?

- Welche anderen Maßnahmen im Rahmen der Kommunikation sollten ergriffen werden, damit ein reibungsloser Übergang stattfinden kann?

Externes Beziehungsnetzwerk:
- Welche Beziehungen bestehen zu Kunden, Lieferanten, Partnern, anderen Organisationen?
- Welchen Zweck verfolgen diese Beziehungen?
- Welche Schlüsselpersonen existieren in den Beziehungen?
- Wie können die Beziehungen verbessert werden?
- Welche Potenziale sehen Sie in welchen Beziehungen?

Wissenskategorie Unternehmenskultur

Werte und Normen:
- Welche Werte und Normen gelten offiziell?
- Welche Werte und Normen werden wie in der Organisation gelebt?
- Welche Umgangsformen sind typisch?
- Wie sieht die Führungskultur in der Organisation aus?
- Was wird wie seitens der Führung vorgelebt?
- Gibt es eine Fehlerkultur? Wie sieht diese aus? Wie wird mit Rückschlägen umgegangen?

Regeln:
- Wie verhalten sich die Mitarbeiter typischerweise
  - im Normalfall?
  - im Erfolgsfall?
  - in Krisensituationen?
- Welche Standards werden vorgegeben?
- Wie halten sich die Mitarbeiter/Führungskräfte an diese Standards? Wie verbindlich sind die Standards?
- Wie gehen die Mitarbeiter mit Informationen und Wissen um? Werden diese geteilt oder behalten die Mitarbeiter diese für sich?

- Welche unausgesprochenen (inoffiziellen) Regeln gibt es?
- Wie wird die Nicht-Befolgung von Regeln sanktioniert?

Rituale und Symbole:
- Welche Feste, Feiern, Treffen gibt es? Wie prägend sind sie für die Unternehmenskultur?
- Welche wichtigen Zeichen gibt es? Wie sind diese zu deuten bzw. zu beachten?

Praxisbeispiel: Ein Medizintechnikunternehmen

Das Ausscheiden einer Produktmanagerin veranlasste ein Medizintechnikunternehmen aus Köln dazu, einen systematischen Wissenstransfer zu realisieren. Die Herausforderung bestand darin, dass zum Stichtag des Ausscheidens noch kein Nachfolger gefunden wurde, der ihre Aufgaben übernehmen konnte.
Ziel war es daher, relevante Wissensbestandteile zu lokalisieren und zu dokumentieren. Dabei stellte sich heraus, dass ein Schwerpunkt die Übergabe von konkreten Projekterfahrungen war.
Im Ergebnis entstand ein Übergabedokument der ausscheidenden Mitarbeiterin. Da das Projekt Pilotcharakter für das Unternehmen hatte, wurde anschließend eine Vorgehensbeschreibung angefertigt und eine Mitarbeiterin aus dem Personalbereich in die Umsetzung eingeführt.

3.6 Externe Schnittstellen

Die Zusammenarbeit mit Menschen und Organisationen außerhalb des eigenen Unternehmens spielt durch die fortschreitende Spezialisierung eine immer größere Rolle. Dabei geht es oftmals um Wissen, das in der eigenen Organisation nicht vorliegt:

- Externe Experten werden für spezielle Themen herangezogen und erhalten hierfür einen Beratungs- oder Trainingsauftrag.
- Teile des Unternehmens oder der Produktion werden in das Ausland verlagert oder an ein fremdes Unternehmen vergeben (Outsourcing).
- Die Organisation geht eine Kooperation mit einem Partner ein, um gemeinsam an Entwicklungen zu arbeiten.

Ein Joint Venture ist dabei eine mögliche Kooperationsform, Netzwerke oder Beteiligungen sind weitere. Jede Form hat ihre spezifischen Rahmenbedingungen, auch was den Zugriff auf die Wissensbasis des jeweiligen Partners angeht.

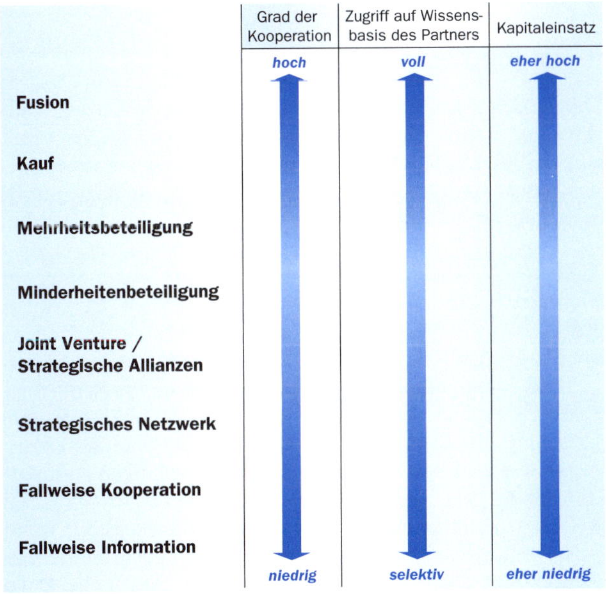

Abb. 21: Kooperationen und Wissen (vgl. Probst/Raub/Romhardt 2003, S. 101)

Neues Wissen kann auch durch andere Maßnahmen organisiert werden: Patente und Lizenzen stellen beispielsweise eine Wissensquelle dar, Fachforen und -plattformen sind eine weitere Quelle.

Neben den organisierten Schnittstellen (Kooperationen) besteht auch auf Mitarbeiterebene eine Reihe von Beziehungen, wie z.B. zu Mitarbeitern eines befreundeten Unternehmens, zu ehemaligen Kollegen oder zu Mitarbeitern eines Kunden, die oftmals wichtige Impulse für das Unternehmen geben.
In der Wissensbilanz werden die externen Schnittstellen daher auch als das Beziehungskapital des Unternehmens bezeichnet.

Beziehungs(pflege)management

Die Beziehungen zu Kunden, Lieferanten, Investoren und sonstigen Interessengruppen (so genannte Stakeholder) sind eine der wesentlichen Stützen einer Organisation und müssen gehegt und gepflegt werden – es muss ein Beziehungsmanagement betrieben werden.

Auch aus Wissensmanagementsicht sind die Stakeholder ein wichtiger Faktor, da sie über erfolgsrelevantes Wissen verfügen.

- Ein großer Teil der Marktforschung beschäftigt sich beispielsweise mit Kundenwissen: Sie erfragt die Bedürfnisse, Einstellung zu Produkten oder Verbesserungsvorschläge des Kunden. Dieses Wissen sollte genutzt werden, um eigene Entwicklungen und Verbesserungen voranzutreiben.
- Aber auch Lieferanten sind wichtige Wissensgeber, wenn es beispielsweise um Neuentwicklungen geht. Sie kennen die Spezifika ihrer Produkte genau und können so Hinweise zur Machbarkeit von Neuentwicklungen geben.

- Ebenso hält die Politik wichtiges Wissen vor: Neue Gesetze können ein Unternehmen beflügeln (Förderung von erneuerbarer Energie) oder bremsen (LKW-Maut oder Zollbestimmungen).

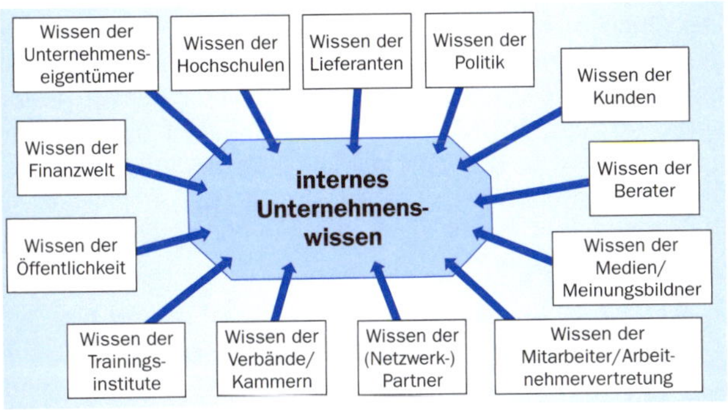

Abb. 22: Stakeholderwissen (vgl. Probst/Raub/Romhardt 2003, S. 103)

Die Pflege und Entwicklung von Kundenbeziehungen nennt man auch Kundenbeziehungsmanagement bzw. Customer Relationship Management (CRM).
Zum Einsatz kommen dabei zumeist Datenbankanwendungen, in der sämtliche Daten und alle mit dem Kunden abgewickelten Transaktionen festgehalten werden.
Diese Systeme unterstützen die Kommunikation im Kundenprozess mit Zahlen, Daten und Fakten und stellen für das Wissensmanagement einen guten Ansatzpunkt dar.

Open Innovation

Unter Open Innovation versteht man die Öffnung des Innovationsprozesses von Unternehmen und damit die aktive strategische Nutzung der Außenwelt zur Vergrößerung des eigenen Innovationspotenzials. Dabei ist zu beachten, dass das Unternehmen die Fähigkeit aufweisen muss, externes

Wissen zu internalisieren und/oder internes Wissen zu externalisieren. Man unterscheidet drei Prozesse: den Outside-in-Prozess, den Inside-out-Prozess und den Coupled Prozess.

Outside-In-Prozess

Der Outside-in-Prozess ist die Integration externen Wissens in den Innovationsprozess. Das Know-how der Lieferanten, Kunden und externer Partner (z.B. Universitäten) wird genutzt, um die Qualität und Geschwindigkeit des Innovationsprozesses zu erhöhen. Die Lead-User-Methodik – also die Einbeziehung besonders fortschrittlicher Verbraucher in die Entwicklung neuer Produkte – ist ebenfalls eine Möglichkeit.

> Der Outside-in-Prozess verdeutlicht, dass der Ort, an dem neues Wissen kreiert wird, nicht grundsätzlich mit dem Ort übereinstimmen muss, an dem Innovationen entstehen.

Inside-out-Prozess

Der Inside-out-Prozess ist die Externalisierung von internem Wissen. Unternehmen nutzen diesen Prozess zum Beispiel, um Lizenzgebühren für Patente bzw. Innovationen, die nicht für die operative Geschäftstätigkeit nützlich sind, einzunehmen.

> Der Inside-out-Prozess verdeutlicht, dass der Ort, an dem Wissen bzw. die Innovation entsteht, nicht mit dem Ort übereinstimmen muss, an dem die Innovation genutzt und in neue Produkte umgesetzt wird.

Coupled Prozess

Der Coupled Prozess ist eine Mischform aus dem Outside-in-Prozess und dem Inside-out-Prozess: Das Schaffen von Standards und der Aufbau von Märkten stehen beim Coupled

Prozess im Fokus. Die einzelnen Bereiche der Umwelt werden aktiv bei der Entwicklung von Innovationen integriert und durch die gleichzeitige Externalisierung dieser Innovation soll sich ein Markt um die Innovation herum aufbauen (z.B. die Freigabe des Solaris-Quellcodes von Sun Microsystems).

Outsourcing

Outsourcing bezeichnet die Abgabe von Unternehmensaufgaben und -strukturen an Drittunternehmen und spielt auch für das Wissensmanagement eine wichtige Rolle, da es eine Verlagerung von Kompetenzen (Wissen) durch eine Verlagerung von Teilen des Unternehmens oder von einzelnen Prozessen darstellt.
Damit der zukünftige Erbringer der ausgelagerten Leistung in der Lage ist, die gewohnte (oder eine bessere) Qualität zu erbringen, ist ein organisierter Wissenstransfer vom Unternehmen zum Dienstleister notwendig.

Wenn beispielsweise ein IT-Dienstleister nun Programmierungsaufgaben für ein anderes Unternehmen übernimmt, heißt das nicht, dass dieses IT-Unternehmen auf Anhieb versteht, in welchem Kontext die Programme beim Kunden eingesetzt werden, auch wenn sie in der gleichen Programmiersprache geschrieben sind. Ein Buchungssystem eines Automobilzulieferers ist etwas anderes als ein Buchungssystem einer Bank.

Daher können die Anforderungen an zukünftige Änderungen nur vor dem jeweiligen Hintergrund verstanden werden. Dafür ist fachliches Know-how erforderlich, das im Rahmen des Outsourcings mit übergeben werden muss.

Cluster und Netzwerke

Cluster sind Netzwerke von Produzenten, Zulieferern und Forschungseinrichtungen mit einer gewissen regionalen Nähe zueinander, die über gemeinsame Interessenlagen

(Produktentwicklung, Öffentlichkeitsarbeit etc.) gebildet werden.
Solche Cluster und Netzwerke erlangen eine immer größere Bedeutung, da einzelne Aufgaben von einzelnen Unternehmen aufgrund der Komplexität und Reichweite nicht mehr zu bewältigen sind. Der Wissenstransfer (Austausch von Informationen) und die Kooperation (Zusammenarbeit mit den im Cluster organisierten Organisationen) spielen dort eine große Rolle. Die Vereinheitlichung des Datenaustausches in der Industrie ist beispielsweise ein Ergebnis, das ein Netzwerk der Möbelindustrie in NRW erzielt hat.
Die Organisation eines Clusters (das Clustermanagement) ist größtenteils auch Wissensmanagement.

Praxisbeispiel: Ein Unternehmensnetzwerk und ein Entwicklungsbüro

Ein Netzwerk von Handwerksunternehmen pflegt einen sehr intensiven Wissenstransfer, um den Geschäftserfolg jedes einzelnen Betriebes zu erhöhen. Die Betriebe sind in Deutschland geografisch so verteilt, dass kein Betrieb im Wettbewerb zu einem anderen Netzwerkmitglied steht. Dies vorausgesetzt, findet ein intensiver Austausch über Preise, Prozesse und Erfahrungen statt. Dieser Austausch wird durch einen externen Moderator organisiert (Workshops) und findet auf virtueller Ebene (Internet) seine Fortsetzung.
Wichtige Rahmenbedingung ist ein gemeinsames Selbstverständnis, das sich auch in den gemeinsamen Marketingmaterialien wiederfindet.

Um möglichst umfassend über neue fachliche Entwicklungen informiert zu sein und um ein breites Beziehungsnetzwerk aufzubauen, betreibt ein Entwicklungsbüro aus dem Automotivbereich eine Plattform mit Fachinhalten im Internet. Als Plattformmanager organisieren sie die Akquise und Bereitstellung von Inhalten. So bildet sich eine Fach-Community, die bereitwillig Wissen austauscht. Durch das Plattformmanagement hat das Entwicklungsbüro einen guten Kontakt zu den Community-Mitgliedern und kann diesen bei Bedarf für Fachfragen und Kooperationen nutzen.

3.7 Ergebnis und Steuerung

Für die Messung und Bewertung von Wissen gibt es bisher noch nicht die Lösung (vielleicht wird es diese auch nie geben). Gegenwärtig zeichnet sich ein Zusammenspiel von drei Instrumenten zur ganzheitlichen Unternehmenssteuerung ab, die gleichzeitig auch den Umgang mit Wissen als Bestandteil der Erfolgsmessung mit berücksichtigen. Diese drei Instrumente sind das EFQM-Modell, die Balanced Scorecard (BSC) und die Wissensbilanz.

EFQM-Modell

Das EFQM-Modell ist ein Unternehmensmodell der „European Foundation for Quality Management“, das auf einem Total-Quality Management-Gedanken basiert und eine ganzheitliche Sicht auf Organisationen ermöglicht.

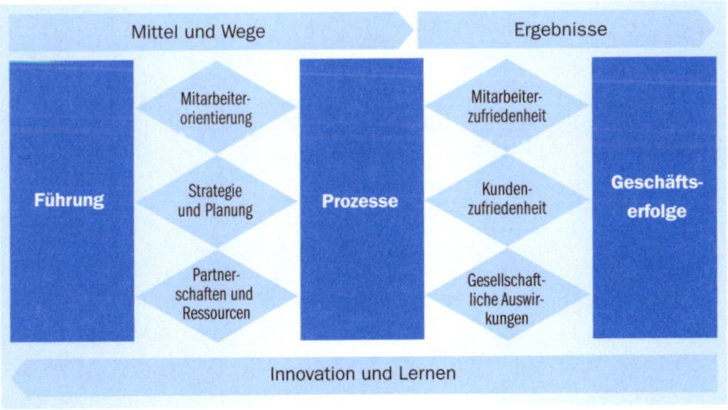

Abb. 23: EFQM-Modell

Dieses Modell ist ein Managementsystem, das auf Ganzheitlichkeit und Nachhaltigkeit setzt.
Es arbeitet entwicklungsorientiert und berücksichtigt den Umgang mit Mitarbeitern, Kunden und Geschäftspartnern ebenso wie die Verantwortung des Unternehmens gegenüber der Gesellschaft.

Balanced Scorecard

Der Einsatz einer Balanced Scorecard (BSC) im Wissensmanagement ist die Erweiterung einer klassischen BSC (1992 von Robert S. Kaplan und David P. Norton eingeführt) um den Faktor Wissen.
Die klassische BSC dokumentiert Messergebnisse zu Aktivitäten eines Unternehmens im Hinblick auf seine Vision und Strategien. Dabei fokussiert die BSC nicht nur die Finanzperspektive, sondern auch die menschlichen Aspekte, die die Treiber für die Ergebnisse sind, sodass sich die Organisation auf ihre Zukunft und langfristigen Interessen konzentriert.
Die Dimensionen der BSC werden von jeder Organisation individuell festgelegt. Sie umfassen praktisch immer die Finanz- und die Kundenperspektive, meist auch die Prozessperspektive und die Potenzial- oder Mitarbeiterperspektive.

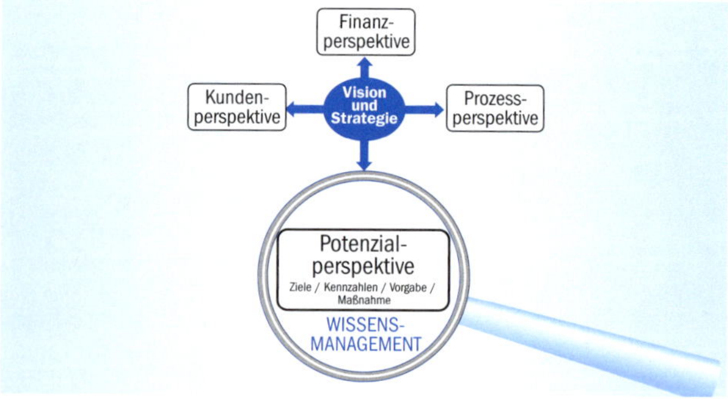

Abb. 24: Klassische BSC mit Ansatzpunkt Wissensmanagement

Die Stärke einer BSC liegt darin, dass Wissensmanagement-Aspekte problemlos Eingang finden können. Ein guter Integrationspunkt ist die Mitarbeiter-, Potenzial- bzw. Erneuerungs- und Wachstumsperspektive. Hier werden Kennzahlen zum Erreichen der (langfristigen) Überlebensziele der Organisation festgelegt.

Aus Wissensmanagement-Sicht können sich hier folgende Strategien wiederfinden und anhand bestimmter Kennzahlen gemessen werden:

- Wissensaufbau:
  - Aufbau strategischer Allianzen: anhand der Anzahl der strategischen Allianzen
  - Lesson-learned-Programme: Verhältnis abgeschlossene Projekte / Lesson-learned-Workshops

- Wissens(ver)teilung:
  - Nutzung der Groupwaresysteme: Anschluss der Mitarbeit an Systeme
  - Erstellung von Sitzungsprotokollen: Verhältnis Meetings / erstellte Protokolle

- Wissensnutzung:
  - Nutzung von Patenten: Anzahl der verwendeten Patente
  - Innovationsfähigkeit der Mitarbeiter: Umsetzung von KVP-Vorschlägen

- Wissensbewahrung:
  Erschließung und Aufbereitung: Abdeckungsgrad

Die Wissensbilanz

Die Wissensbilanz ist ein strategisches Instrument und setzt auf eine Selbstevaluierung des intellektuellen Kapitals einer Organisation. In dem Modell der Wissensbilanz wird unterschieden in:

- Humankapital, d.h. Kompetenzen, Motivation und Lernfähigkeit der Mitarbeiter etc.
- Strukturkapital, d.h. Infrastrukturen und Prozesse, die das Unternehmen produktiv werden lassen; Informations- und Kommunikationssysteme; administrative Prozesse; Labor- und Büroarchitektur etc.
- Beziehungskapital, d.h. Beziehungen zu Kunden und Lieferanten, Eignern und Mitarbeitern sowie Kooperationen und Netzwerke mit Forschungseinrichtungen, öffentlichen Organisationen und anderen Firmen etc.

Für jede Kapitalart werden Einflussfaktoren individuell festgelegt und nach unterschiedlichen Aspekten bewertet.

Einflussfaktoren	Werte	Bewertung
Humankapital		
Krankheitsbedingte Fehlzeitenquote		
Ungewollte Fluktuation		
Anzahl Entwicklungsgespräche pro Mitarbeiter/Jahr		
Fortbildungskosten pro Mitarbeiter/Jahr		
Durchschnittliche Anzahl interner Teamsitzungen pro Jahr		
Strukturkapital		
Finanz- und Ressourcenmanagement: Anlagevermögen		
Rating der Hausbank		
Qualitätsmanagement: Ergebnis interner Qualitätskontrollen		
Beziehungskapital		
Anzahl der Neuempfehlungen von Multiplikatoren		
Öffentlichkeit: Anzahl der Artikel in regionalen Medien und Fachmedien		

Bei der Erstellung einer Wissensbilanz werden Bewertungen nach Quantität, Qualität und Systematik der einzelnen Einflussfaktoren vorgenommen. In einem Potenzialdiagramm werden die Verbesserungsmöglichkeiten in Abhängigkeit von ihrer Steuerbarkeit dargestellt. Daraus leiten sich Schlussfolgerungen ab wie diese:

- Der Einflussfaktor Mitarbeitermotivation zu Spitzenleistungen und Excellence (Humankapital) ist hinsichtlich aller drei Dimensionen (Quantität, Qualität, Systematik) noch verbesserungsfähig und mäßig gut zu steuern.
- Der Einflussfaktor Fachkompetenz unserer Mitarbeiter (Humankapital) ist insbesondere in der Dimension „Qualität" zu Verbesserungen fähig und lässt sich relativ gut steuern.
- Der Einflussfaktor Lern-, Entwicklungs- und Innovationsfähigkeit unserer Mitarbeiter (Humankapital) ist verbesserungsfähig und besitzt darüber hinaus eine gute Steuerbarkeit.
- Der Einflussfaktor Führungsprozess (Strukturkapital) ist trotz aller Verbesserungen immer noch weiterzuentwickeln. Er ist darüber hinaus gut steuerbar

Trotz dieser guten und nützlichen Instrumente steht die Bewertung und Messung von Wissen/Wissensmanagement noch am Anfang. Für die Forschung und Anwendung stellt dieser Bereich eines der interessantesten Entwicklungsfelder dar.

Praxisbeispiel: Eine Pflege- und Gesundheitseinrichtung

Die Pflege- und Gesundheitseinrichtung aus Berlin/Brandenburg hat nach den Jahren 2004 und 2006 bereits die dritte Wissensbilanz (2008) veröffentlicht. Sie nutzt die Wissensbilanz, um ihren Partnern die Stärken und Schwächen aufzuzeigen, außerdem zukünftige Maßnahmen, um noch erfolgreicher zu werden. Dabei ist das Instrument „Wissensbilanz“ in den letzten Jahren ein unverzichtbares Hilfsmittel auf dem Weg der kontinuierlichen Prozessverbesserung geworden und passt ideal zu den eingesetzten Instrumenten der ganzheitlichen Unternehmensführung (EFQM und Balanced Scorecard).

Einen großen Vorteil sieht die Einrichtung in dem Instrument in der fundierten Priorisierungsmöglichkeit von Prozessverbesserungen – damit wird die Wissensbilanz zum „Motor“ von Entwicklung und Fortschritt im Unternehmen.

Auf den Punkt gebracht:

- Jedes Gestaltungsfeld beinhaltet eine Vielzahl von Ansatzpunkten, die den Umgang mit Wissen und Informationen in einer Organisation verbessern.
- Eine Analyse des Umgangs mit Wissen und Informationen in Geschäftsprozessen kann durch den Wissens-Check effizient erzielt werden.
- Um auf Erfahrungen aus gemachten Projekten zurückzugreifen, ist Wissensmanagement für die Projektarbeit von großer Bedeutung. Ein Projektdebriefing ist eine Möglichkeit, um Projekterfahrungen zu bewahren.
- In den nächsten Jahren werden in vielen Unternehmen wichtige Erfahrungsträger in Rente gehen. Der Erhalt von Erfahrungswissen ist eine wichtige Aufgabe für das Wissensmanagement.
- Um externe Wissensquellen zukünftig besser zu nutzen, müssen Organisationen Partnerschaften beispielsweise mit Kunden, Lieferanten und Hochschulen auf- und ausbauen.

sensmanagement – istrumente und Methoden

Reverse Engineering
Reverse Engineering bedeutet „umgekehrt entwickeln" (rekonstruieren). Es bezeichnet den Vorgang, aus einem Produkt durch Untersuchung die Konstruktionselemente zu extrahieren. Aus dem fertigen Produkt wird somit wieder ein Plan gemacht, der das Wissen über die Funktionsweise enthält. Hierdurch werden Produkte von Wettbewerbern analysiert, die wichtige Hinweise für die eigene Entwicklung geben können.

Mikroartikel
Das Ziel von Mikroartikeln ist es, kontextabhängiges Wissen leichter dokumentier- und wiederauffindbar zu machen. Mikroartikel umfassen maximal eine Textseite und beinhalten eine kurze Problembeschreibung in Form einer Geschichte und die Erfahrungen, die daraus gewonnen werden können. Die Erzählform einer Geschichte sorgt dafür, dass dem Leser der Kontext des Problems nahegebracht wird. Ein Mikroartikel kann wie folgt strukturiert sein:
- Thema
- Kurzcharakterisierung des Inhalts als Überschrift
- Geschichte
- Knappe Schilderung des Sachverhalts
- Einsichten
- Kurze Beschreibung der Erfahrungen
- Folgerungen
- Schlüsse, die man aus den Erfahrungen zieht
- Anschlussfragen
- Fragen, die offen geblieben sind, als Denkanstöße

Weblogs

Ein Weblog ist ein auf einer Webseite geführtes und damit öffentlich einsehbares Tagebuch oder Journal. Ein Blog ist ein für den Herausgeber („Blogger") und seine Leser einfach zu handhabendes Medium zur Darstellung von Aspekten des eigenen Lebens und von Meinungen zu oftmals spezifischen Themengruppen. Weiter vertieft kann es sowohl dem Austausch von Informationen, Gedanken und Erfahrungen als auch der Kommunikation dienen. Knowledge-Blogs dienen als Erfahrungsspeicher der Organisation. Mitarbeiter führen persönliche Journale. Sie können so untereinander auf das Know-how anderer Mitarbeiter zugreifen, es kommentieren und mit dem Autor des Blogs kommunizieren.

Patente

Patente sind die Kodifizierung von (betrieblichem) Wissen. Sie dienen zum Schutz von Produkt- und Verfahrenserfindungen und sollen zu einem wirtschaftlichen, technischen oder auch nur einem Marketingvorteil führen.
Gleichzeitig dienen sie zur Information von Marktkonkurrenten über technisches Wissen und Lizenzierungsmöglichkeiten: So wird Dritten auf der einen Seite Doppelarbeit bei der Innovation erspart, während der Patentinhaber seine Erfindung im Wege der Lizenzierung kommerzialisieren kann. Auf der anderen Seite erlangen Dritte (Wettbewerber) Informationen über konkrete Entwicklungen und können durch entsprechende Maßnahmen darauf reagieren. Der Zusammenhang von Wissensmanagement und Patenten/Lizenzen ist daher vielfältig. Für ein Unternehmen ist eine klare Patentstrategie wichtig. Diese Aufgabe kann durch das Wissensmanagement übernommen werden.

4 Das persönliche Wissensmanagement

Eigene Wissensprozesse optimieren

Auf die Bedeutung des Menschen im Wissensmanagement wurde mehrfach eingegangen. Welche Bedeutung können aber die Erkenntnisse und Vorgehensweisen im Bereich Wissensmanagement für den einzelnen Menschen haben? Und über welche Fähigkeiten sollte man als „Wissensarbeiter“ überhaupt verfügen? Dies soll hier erläutert werden.

4.1 Die persönliche Wissensorganisation

Kaum jemand würde wohl von sich behaupten, dass er ein persönliches Wissensmanagement betreibt. Dennoch umgeben jeden Einzelnen Wissensprozesse, die mehr oder weniger bewusst ablaufen und sowohl im beruflichen als auch im privaten Umfeld Anwendung finden. Diese Wissensprozesse sind Bestandteil des Alltags und damit Grundstock eines persönlichen Wissensmanagements. Einige Beispiele:

- Für die nächste Urlaubsreise werden Wissensquellen wie Internetseiten, Foren, Hotelbewertungen identifiziert, die einem bei der Entscheidung für den Urlaubsort und die Unterkunft helfen.
- Um die eigenen Obstbäume im Garten richtig zu beschneiden, besucht man ein Seminar in der Volkshochschule.
- Für die Erstellung der Einkommensteuererklärung wird das Wissen eines Steuerberaters genutzt.
- Um einen Freund bei der Planung seines Hauses zu unterstützen, teilt man sein Erfahrungswissen mit ihm.
- Damit die Familiengeschichte für die (eigene) Nachwelt erhalten bleibt, werden Stammbäume und Chroniken erstellt.
- Permanent wird Wissen angewendet, z.B. wenn es um den kostengünstigen Einkauf im Supermarkt geht.

Diese kleine Auswahl an Beispielen zeigt, dass die Kernaktivitäten des Wissensmanagements auch auf individueller und privater Ebene stattfinden.

Es wird Wissen identifiziert, entwickelt, erworben, geteilt, bewahrt und angewendet.

Gleiches gilt auch für die drei Säulen und die Gestaltungsfelder des Wissensmanagements.
Zwar würde niemand im privaten Umfeld von Geschäftsprozessen sprechen, bei näherer Betrachtung bestehen aber auch hier Abläufe und Prozesse, die immer wiederkehren: die Urlaubsreise, der Einkauf im Supermarkt oder der nächste Kindergeburtstag.
Der Unterschied besteht darin, dass die wenigsten diese Abläufe und die einzelnen Prozessschritte explizit für sich beschreiben, beim Kindergeburtstag beispielsweise:

- Termin für die Feier festlegen,
- Einladungskarten kaufen und versenden,
- Planung der Spiele,
- Kuchen backen usw.

Doch hier sind im Zuge der Technologieentwicklung und Zeitknappheit Entwicklungen zu beobachten: Auch zu diesen (privaten) Themen gibt es zahlreiche Publikationen und Informationen im Internet:

Unter dem Stichwort „Kindergeburtstag" liefern einige Treffer beispielsweise Hinweise zur Planung und halten auch gleich entsprechende Checklisten parat, die dafür Sorge tragen, dass nichts vergessen wird.

Dieses Beispiel für den privaten Bereich zeigt auch, dass kollektives Wissen, einmal expliziert, aufbereitet und durch die technologische Unterstützung des Internets bereitgestellt, von jedem Einzelnen genutzt werden kann.
Fazit: Die Wissensmanagement-Modelle gelten nicht nur für Organisationen, sie lassen sich auch auf Personen und

ihr privates Umfeld anwenden, sie sind universell verwendbar. Die Rolle des Wissensmanagements ist für Organisationen und einzelne Personen gleich:

> Wissensmanagement stärkt das Bewusstsein für den effektiven und effizienten Umgang mit Wissen und Informationen.

Um Studierende der Medienwissenschaften für das Thema persönliches Wissensmanagement zu sensibilisieren, wurden diese aufgefordert, die anstehende Diplomarbeit als Projekt zu beschreiben und den Projektablauf zu skizzieren. Im nächsten Schritt wurden sie gebeten, die einzelnen Projektschritte unter Wissensgesichtspunkten zu betrachten und sich dabei Fragen zu den Kernaktivitäten im Umgang mit Wissen zu stellen:

- Welche Wissensquellen und Träger sind interessant? (Fachzeitschriften, Datenbanken, Lehrbeauftragte, Professoren)
- Welches eigene Wissen muss noch weiterentwickelt werden? (Internetrecherche, wissenschaftliches Schreiben)

Dies führte dazu, dass gemeinsam Wissensprozesse zur Themenfindung entwickelt und Wissensdefizite, z.B. in der Textverarbeitung, lokalisiert wurden. Um das Projekt Diplomarbeit erfolgreich zu gestalten, wurden spezifische Fragen gestellt, die vorhandenes, aber verborgenes Wissen (implizites Wissen) zu Tage förderten.
Im Ergebnis wurden beispielsweise Wissensträger lokalisiert, die Korrektur lesen, und es wurde ein Konzept für die Datensicherung erarbeitet.

4.2 Die persönlichen Fähigkeiten eines Wissensarbeiters

Neben der organisatorischen Sichtweise auf das persönliche Wissensmanagement ist die Sicht auf die Person selbst, auf ihre Fähigkeiten und ihr Verhalten, mindestens genauso wichtig, um erfolgreich an der Wissensgesellschaft teilzunehmen.

Über welche Fähigkeiten muss ein Wissensarbeiter überhaupt verfügen, um Wissensprozesse effizient auszuführen? Zu den zentralen Fähigkeiten eines Wissensarbeiters gehören:

- die Fähigkeit, aus implizitem Wissen explizites Wissen zu machen
- die effektive Vermittlung von Wissen an andere
- das aktive Zuhören, indem man z.B. das Gehörte in eigene Worte umwandelt, um herauszufinden, ob man etwas richtig verstanden hat
- das Strukturieren von Wissen in Dokumenten in einer leserfreundlichen Art und Weise
- das Beherrschen effektiver Suchstrategien in elektronischen Medien und die Deutung der Abfrageergebnisse
- die Auswahl und Nutzung von externem Wissen (z.B. Informationen von Dritten)

Aus implizitem Wissen explizites Wissen machen

Wie in dem Beispiel der Studierenden und der Diplomarbeit deutlich wurde, gilt es, durch geeignete Techniken implizites Wissen zu verbalisieren. Methoden wie „Knowledge Engineering", Externalisierung oder Strukturierung unterstützen diesen Prozess.
Gleichzeitig ist darauf zu achten, dass es Wissensbestandteile gibt, die sich nicht erklären, sondern nur zeigen lassen. Ein klassisches Beispiel dafür ist die Fähigkeit, am Fahrrad das Gleichgewicht zu halten. Die komplexe physikalische Regel, die Neigungswinkel, aktuelle Geschwindigkeit und Lenkeinschlag berücksichtigt, kennt kaum jemand – dennoch lässt sich das (gefühlte) implizite Wissen darstellen und somit vermitteln.

Die effektive Vermittlung von Wissen

Die Vermittlung von Wissen ist eine didaktisch aufbereitete Kommunikation über Wissen, die erlernt werden kann.

Von großer Bedeutung für die Wissensvermittlung sind die eingesetzten Methoden/Formen, die es erlauben, dass der Lerner einen Lernerfolg verzeichnen kann:

- Aktionsformen: Aktionen, durch die Wissen übermittelt, vorgetragen oder erarbeitet werden kann, wie z.B. Vorträge von Experten, Referate, Gruppenarbeit oder Partnerarbeit.
- Prozesse zur Wissenserlangung: Hierbei soll der Lerner durch eigenes Handeln, Experimentieren und Erfahren zu Wissen gelangen (beispielsweise durch ein EDV-Coaching).
- Medien zur Wissensvermittlung: Das Verwenden unterschiedlicher Medien (Fernsehen, Filme, Radio, Internet, Texte) ist wichtig, um den Lernern immer wieder neue Aufmerksamkeitsreize zu geben und so seine Aufnahmebereitschaft zu stimulieren.
- Visualisierende Darstellungen: Oft ist es sinnvoll, Lerninhalte durch eine visuelle Sprache zu verdeutlichen. Dadurch lassen sich vor allem komplexe Zusammenhänge einfacher und klarer darstellen.

Das aktive Zuhören

Wie effizient Wissen übertragen werden kann, ist auch wesentlich abhängig von der Fähigkeit, gut zuhören zu können. Zuhören stellt für den Wissenstransfer daher mehr als nur eine funktionale Notwendigkeit dar.

> Wesentliche Elemente für das aktive Zuhören sind eine offene Grundhaltung, ein authentisches und gleichberechtigtes Auftreten und die Akzeptanz der anderen Person.

Das Verstehen des Sprechers wird dadurch unterstützt, dass der Zuhörende

- sich auf das Gegenüber einlassen und konzentrieren kann,
- mit der eigenen Meinung zurückhaltend umgeht,

- nachfragt bei Unklarheiten,
- Pausen aushält,
- bestätigende kurze Äußerungen abgibt,
- Geduld hat und den Sprecher nicht unterbricht und ausreden lässt,
- Blickkontakt hält.

Das Strukturieren von Wissen in Dokumenten

Wissen zu dokumentieren ist nur dann sinnvoll, wenn die Dokumente auch gelesen werden. Für den Texter bedeutet dies, dass er beim Schreiben einige grundlegende Schreibtechniken und Stilmittel anwenden muss. Dabei muss ihm stets der „gedachte Leser“ bewusst sein, der nicht über das gleiche Hintergrundwissen oder die gleichen Erfahrungen verfügt. Das bedeutet, beim Schreiben muss stets entschieden werden, ob die „reinen“ Informationen für den Leser ausreichend verständlich sind oder ob möglicherweise Zusatzinformationen gegeben werden müssen

> Es muss immer wieder die Leserperspektive eingenommen werden.

Einige grundlegende Techniken:
- Ordnungsprinzipien nutzen: Vom Leichten zum Schweren, vom Bekannten zum Unbekannten, vom Allgemeinen zum Speziellen
- Text gliedern: als Faustregel gilt: für jeden Gedanken einen neuen Absatz beginnen
- Klare, eindeutige Sprache: eher kurze Sätze schreiben und verschachtelte Aneinanderreihungen vermeiden
- Konkret und anschaulich schreiben: Bilder im Kopf des Lesers erzeugen, um das Behalten zu erleichtern

Das Beherrschen effektiver Suchstrategien

Die Situation ist vermutlich jedem bekannt: Es wird eine Information benötigt und im Internet recherchiert. Die bevor-

zugte Suchmaschine liefert zwar Tausende von Treffern, doch welcher ist der nützlichste? Kostbare Zeit wird damit verbracht, einzelne Links anzuklicken, die dann doch ins Leere führen.
Es sind also Suchstrategien erforderlich, um eine effiziente Recherche durchzuführen und aus der Fülle an Daten die entscheidenden Informationen herauszufiltern. Dazu ist es wichtig zu wissen,

- wie aus Webseiten, Blogs und Wikis die wichtigsten Informationen herausgelesen werden können,
- wo sich Marktdaten und Statistiken finden lassen,
- welche Internet-Portale für Spezial-Recherchen zur Verfügung stehen,
- welche kommerziellen Datenbanksysteme es gibt und wie teuer diese sind,
- wo wertvolle Informationen über Wettbewerber und andere Unternehmen platziert sind.

Für die Suche gelten dabei folgende Regeln:

- sorgfältige Vorbereitung der Suche,
- Auswahl von passenden Stichwörtern, um die Suche einzugrenzen,
- nach der ersten Suche Qualität der Suchergebnisse überprüfen, evtl. erneute Suche mit weiteren Suchbegriffen kombinieren,
- Möglichkeiten der Verknüpfungsregeln (UND, ODER, NICHT) nutzen,
- gefundene Informationen bzw. Webadressen auf deren Glaubwürdigkeit überprüfen bzw. kontrollieren,
- während der Recherche so viele Bookmarks (Lesezeichen) wie möglich sichern, ablegen und verwalten (unter „Favoriten").

Die Auswahl und Nutzung von externem Wissen

Das persönliche Netzwerk wird immer wichtiger, auch in den Prozessen der eigenen Wissensarbeit. Dabei geht es

nicht nur darum, das bestehende Netzwerk zu pflegen, sondern es kontinuierlich weiterzuentwickeln.
Neben sozialen Faktoren wie Sympathie spielen Wissensaspekte eine zunehmend große Rolle. Wie wertvoll es sein kann, in seinem Netzwerk jemanden zu kennen, der einem bei konkreten Fragestellungen einen Hinweis gibt, kann jeder nachvollziehen, der in dieser Richtung bereits Erfahrungen gesammelt hat.

Die Empfehlung eines Kfz-Sachverständigen, eine gute Anlagestrategie für das Ersparte oder auch nur ein Tipp für die Kontaktaufnahme zu einer bestimmten Person: Die Informationen Dritter können einen hohen Nutzwert haben.

Die meisten Menschen arbeiten mit individuellen Methoden, mit denen sie mehr oder weniger erfolgreich Informationen und implizites Wissen organisieren können. Dies wird in Zukunft nicht mehr ausreichen.

Die Herausforderung jedes Einzelnen liegt in der Verbesserung des persönlichen Wissensmanagements.

Es kommt darauf an, über Schulungs- und Trainingsmaßnahmen stets aktuelle Verarbeitungs-, Organisations- und Strukturierungsmethoden kennenzulernen und Verhaltensweisen im Hinblick auf Wissensarbeit vermittelt und trainiert zu bekommen. Redaktionelle Schreibtrainings im Rahmen der Wissensdokumentation, Workshops im Hinblick auf die Identifizierung, Beobachtung, Beschreibung und Verbesserung der eigenen Informations- und Wissensarbeit im Arbeitsalltag sind Ansätze zur Verbesserung des persönlichen Wissensmanagements.

4.3 Das Verhalten eines Wissensarbeiters

Da Wissen personengebunden ist, hängt das effektive Entwickeln, Bewahren, Teilen und Anwenden von Wissen davon ab, ob man in der Lage und auch willens ist, dies zu tun. Dazu gehört, dass einem die Relevanz seines Wissens bewusst sein und man mit den verschiedenen Prozessen und den verfügbaren Instrumenten vertraut sein sollte.

Organisationen fördern unter Umständen geeignete wissensbezogene Verhaltensweisen, z.B. durch Anreizsysteme, Belohnungen und Beförderungen oder einfach durch explizite Anerkennung.
Viel wichtiger ist jedoch der interne, persönliche Antrieb – Wissensarbeiter sollten größtes Interesse daran haben, ihre intellektuellen Vermögenswerte zu entwickeln und wirksam werden zu lassen.

Wichtig ist es, sich immer wieder seiner Wissensprozesse bewusst zu werden, z.B. anhand dieser Fragen:

- Gibt es sonst noch jemanden, der mir mit seinem Wissen weiterhelfen könnte?
- Was haben ich aus der Situation, aus dem Projekt oder der Präsentation gelernt?
- Wem sollte ich das Gelernte mitteilen? Wem kann ich damit helfen?

Allein die Frage, wem man mit seinem Wissen helfen kann, fördert die Wissensteilung (auch in persönlichen Netzwerken): Es ermöglicht anderen Person, ihre Lösung oder Methode zu verbessern, und trägt dazu bei, selbst Wissensempfänger zu sein.

Auf den Punkt gebracht:

- Die Entwicklung konkreter Fähigkeiten bei den Wissensarbeitern ist ein grundlegender Ansatzpunkt im Wissensmanagement.
- Grundlagen des organisationalen Wissensmanagements lassen sich auf das persönliche Wissensmanagement übertragen.
- Auch auf der persönlichen Ebene bieten Prozesse und Projekte einen guten Ansatzpunkt, um Wissensprozesse zu optimieren.
- Die Fähigkeit, implizites in explizites Wissen zu überführen, muss bei Vielen erst entwickelt werden.
- Zu einer erfolgreichen Wissensarbeit gehört Selbstreflexion und die Motivation, Wissen teilen zu wollen.

5 Gut zu wissen

Erfahrungen aus der Praxis für die Praxis

Wenn in einer Organisation die Notwendigkeit von Wissensmanagement erkannt wird, folgt zumeist im nächsten Schritt die Benennung eines Verantwortlichen, der sich des Themas annehmen soll. Über verschiedene Wege wie Internetforen, Seminare, Kongresse und Literaturrecherchen wird dann Wissensmanagement-Wissen aufgebaut oder ergänzt.
Hier ein Überblick über die wichtigsten Fragen, die sich zu Beginn ergeben.

- **Ist Wissensmanagement nur für Organisationen interessant?**

Die Inhalte dieses Buchs sind hauptsächlich aus der Perspektive von Organisationen dargestellt. Der Einsatz von Wissensmanagement geht jedoch darüber hinaus. So kann Wissensmanagement aus der persönlichen Perspektive betrieben werden, aber auch ganze Kommunen oder Regionen entwickeln Konzepte, um ihren Umgang mit Wissen zu verbessern.

- **Ist Wissensmanagement ein Projekt?**

Vergleichbar dem Qualitäts-, Arbeitsschutz- und Umweltmanagement ist auch das Wissensmanagement ein Managementsystem, und zwar mit dem Fokus auf die Ressource Wissen. Man spricht zwar häufig von Wissensmanagement-Projekten, dies betrifft dann jedoch meistens die Umsetzung einer ganz konkreten Maßnahme, wie beispielsweise die Einführung eines Intranets oder eines „Mitarbeiter-schulen-Mitarbeiter"-Konzepts.
Streng genommen kann Wissensmanagement auch kein Projekt sein, da Projekte einen definierten Anfang und ein definiertes Ende haben, der Umgang mit Wissen jedoch

„unendlich“ ist und auch kontinuierlich optimiert werden kann und sollte.

- **Lassen sich Synergien mit anderen Managementsystemen herstellen?**

Viele Unternehmen verfügen über bestehende Managementsysteme in den Bereichen Qualität, Arbeitsschutz oder Umwelt. Die Einführung und der Betrieb dieser Systeme sind oft mit viel Aufwand für die Unternehmen verbunden. Gleichzeitig beinhaltet jedes dieser Systeme Aspekte, die den Umgang mit Wissen und Informationen betreffen.
Um wertvolle Ressourcen zu schonen, sollten die Synergien ausgelotet und genutzt werden. Ziel kann ein integriertes Managementsystem sein, in dem sich alle Managementsysteme des Unternehmens wiederfinden.

- **Auf was ist sprachlich zu achten?**

Die Erfahrungen zeigen, dass es manchmal zielführender sein kann, nicht von „Wissensmanagement“ (als eigenständiges System) zu sprechen, da viele Mitarbeiter damit große, ressourcenaufwendige Managementmaßnahmen assoziieren. Spricht man in der (Workshop-) Kommunikation hingegen von dem „verbesserten Umgang mit Wissen und Informationen“, erreicht man die Mitarbeiter leichter und findet eher ihre Unterstützung.

- **Wie wichtig ist die Analyse am Anfang?**

Eine systematische Analyse zu Beginn verhindert Fehlschläge und Frustrationen bei der Umsetzung und Evaluation. Die Analyse sollte dazu genutzt werden, den Status quo (also die aktuelle Problemlage), aber auch die Herausforderungen für die Zukunft in den Blick zu nehmen.
Die demografische Entwicklung und ihre Auswirkungen „Fachkräftemangel“ und „Verrentung von wichtigen Erfahrungsträgern“ sind Aspekte, die in der Analyse berücksichtigt werden müssen und Einfluss auf das Wissensmanagement haben.

◆ **Wie sollte der Start erfolgen?**

Die Analyse wird eine Reihe von Ansatzpunkten zutage fördern, worauf sich Maßnahmen begründen lassen. Am Anfang sollte die Konzentration jedoch auf lediglich ein zentrales und überschaubares Wissensmanagement-Projekt erfolgen. Mit dem Erfolg dieses Projektes kann dann für die Beteiligung der Mitarbeiter an Folgeprojekten geworben werden. Darüber hinaus werden die Ressourcen der Organisation nicht stark belastet, was insbesondere das finanzielle Risiko limitiert.

◆ **Wie motiviere ich die Mitarbeiter?**

Die Mitarbeiter sind das A und O im Wissensmanagement, ihre Beteiligung ist daher von ganz besonderer Wichtigkeit. Die Mitarbeiter lassen sich optimal erreichen, indem zunächst deren Bedürfnisse abgefragt werden (WM-Audit) und gemeinsam mit ihnen nach Lösungswegen gesucht wird (Workshops). Mit einer kontinuierlichen Kommunikation über und in den Projekten sollte die notwendige Transparenz erzeugt werden. Auf diese Weise werden die Projekte auch zu den eigenen Initiativen der Mitarbeiter und werden nicht als vorgeschrieben empfunden.

◆ **Welches Risiko besteht bei IT-Systemen?**

Oftmals ist weniger mehr. Die Möglichkeiten der Informationstechnologie sind vielfältig (Blog, Podcast, semantische Netze etc.), werden aber nicht immer benötigt. Die größte Hürde ist die Motivation der Mitarbeiter, die ihr Wissen einer technologischen Plattform anvertrauen müssen. Dieses Vertrauen steigt nicht durch neue Möglichkeiten der IT, sondern durch den vertrauensvollen Umgang mit dem Wissen.

◆ **Gibt es Möglichkeiten, um den Wissenstransfer zu unterstützen?**

Um Mitarbeiter zum Wissenstransfer anzuregen, können Anreize gesetzt werden, z.B. durch materielle oder immaterielle Werte.

Materielle Werte wären Geld und Gutscheine. Immaterielle Werte können Lob und Anerkennung (z.B. als Wissensträger oder Experte in der Organisation) sein.
Durch materielle Anreize besteht die Gefahr, dass sich eine Kultur „Wissen gegen (extra) Geld“ entwickelt, die eine ungünstige Voraussetzung für ein funktionierendes Wissensmanagement ist.

◆ **Welche Rolle spielt der Wissensmanager?**

Einige Unternehmen haben in der Vergangenheit Stabstellen bzw. ganze Abteilungen eingerichtet, die sich ausschließlich mit dem Thema Wissensmanagement beschäftigen – ein klares Signal des Unternehmens, welche Bedeutung dem Thema eingeräumt wird.
Dabei wird auch die Position des Wissensmanagement-Leiters besetzt. Die Rolle, die dieser Person zumeist zukommt, ist die eines Programm-Managers. Seine Aufgaben sind die Koordination der Analysen, Planungen und Umsetzungen und die Evaluation aller Maßnahmen im Bereich Wissensmanagement.
Dabei sollten seine persönlichen Stärken in der Kommunikation und Analyse liegen und er sollte mit einem guten Verständnis für die Abläufe in einer Organisation ausgestattet sein. Außerdem sollte er keine Berührungsängste zu neuen Technologien haben.

◆ **Wie begegnet man dem „Ich habe keine Zeit für Wissensmanagement“-Argument?**

Möglicherweise mit der Geschichte vom Waldarbeiter: Ein Mann geht im Wald spazieren und beobachtet einen Waldarbeiter bei der Arbeit. Dabei bemerkt er, dass der Waldarbeiter mit einer stumpfen Säge seine Bäume fällt. Das lässt ihm keine Ruhe, er geht zum Waldarbeiter und fragt ihn, warum er denn nicht seine Säge schärfen würde, danach ginge es doch viel besser? Daraufhin antwortete der Waldarbeiter: Ich habe heute noch so viele Bäume zu fällen, mir fehlt einfach die Zeit, um meine Säge zu schärfen!

◆ **Welche Barrieren bestehen im Wissensmanagement?**

Auch bei guten, plausiblen Ansätzen treten trotz der Bedeutung, die das Thema Wissensmanagement hat, immer wieder Barrieren auf, die den Wissensfluss und die -anwendung verhindern.

Diese beinhalten persönliche Aspekte, z.B. Machtinteressen, Stolz und Sturköpfigkeit etc., oder organisatorische Aspekte, wie Zeitmangel, Betriebsblindheit, Intransparenz über Wissensdefizite und Wissensquellen, mangelndes Vertrauen in die Wissensquelle, mangelnde Anwendungsfähigkeit des dokumentierten Wissens, Informationsüberflutung und -fragmentierung, aber auch kulturelle Aspekte, z.B. dass eine Nachfrage nach Informationen in anderen Abteilungen eine Beleidigung der direkten Kollegen bedeuten kann.

◆ **Wer sollte in der Wissensmanagement-Projektgruppe vertreten sein?**

Wissensmanagement ist ein derart organisationsübergreifendes Thema, dass es bei der Besetzung der Projektgruppe zu Problemen der Abgrenzung kommen kann. Wer soll und wer soll nicht?

Das Kernteam sollte sich aus dem Projektleiter (bereichsunabhängig), je einem Vertreter aus dem Personal-, Strategie- und IT-Bereich sowie einem Mitglied der Arbeitnehmervertretung zusammensetzen. Optional ist zu überlegen, ob die frühzeitige Einbeziehung eines Vertreters aus dem Controlling die Akzeptanz für ein Wissensmanagement-Projekt in diesem Bereich erhöht.

In dem Moment, in dem konkrete Maßnahmen umgesetzt werden, ist eine Projektgruppe entsprechend der Aufgabenstellung zusammenzusetzen: Beispielsweise sollten an einem Wissensmanagement-Projekt im Vertrieb Teilnehmer aus dem Vertrieb, der Entwicklung, der Produktion, dem Service etc. beteiligt sein.

- **Wie kommt man schnell und effizient zum ersten Wissensmanagement-Projekt?**

Bei der Bearbeitung eines so facettenreichen Themas wie Wissensmanagement steht die eigene Orientierung immer am Anfang. Dieses Buch liefert eine solche Orientierung, die beigefügten Linkempfehlungen und das Literaturverzeichnis geben weitere Hinweise, an welchen Stellen vertiefende Informationen zu finden sind. Auch gibt es auf diesem Gebiet viele Veranstaltungen (Seminare, Kongresse, Vorträge etc.), die weiterhelfen können.

Hierbei besteht immer die Gefahr, sich einer Lösung für die eigene Organisation nur in kleinen Schritten zu nähern und nicht unerhebliche Ressourcen (Zeit, Reisekosten, Gebühren) zu investieren. Zwei Maßnahmen könnten dies ändern: eine interne Diplom- bzw. Praktikumsarbeit und die Hinzuziehung externer Unterstützung. Eine interne Diplom- bzw. Praktikumsarbeit hat den Vorteil, dass mit überschaubarem Aufwand Grundlagenwissen und erste Umsetzungsideen erarbeitet werden. Die Hinzuziehung externer Unterstützung hat den Vorteil, dass spezifische Wissensinhalte und konkrete Umsetzungswege schnell vorliegen. Allein die Auswahl eines externen Anbieters führt in der Regel dazu, dass eine Reihe von interessanten Impulsen für die Umsetzung entstehen. Interessant dürfte eine Variante sein, bei der der Externe sowohl das Projektleitercoaching als auch weitere klar definierte Aufgaben übernimmt, z.B. Kick-off-Workshop moderieren, Wissensmanagement-Audit oder ein Methodentraining Projektdebriefing durchführen.

Eine Kombination aus interner Diplom- bzw. Praktikumsarbeit und die Hinzuziehung externer Unterstützung dürfte der effizienteste Weg sein, schnell zum ersten Wissensmanagement-Projekt zu kommen.

Linkempfehlungen

Das Internet bietet an vielen Stellen gute Informationsangebote zum Thema Wissensmanagement. So bieten beispielsweise Informations-Plattformen für Business- oder Management-Wissen auch Informationen zu Wissensmanagement an. Ferner gibt es eine Reihe von Diskussionsforen, deren Inhalte einen guten Einblick in die aktuellen Diskussionen zum Thema vermitteln.
Hier eine Auswahl von Seiten, die ihren Schwerpunkt im Bereich Wissensmanagement haben.

- **www.gfwm.de**

Seite der Gesellschaft für Wissensmanagement e.V., unter deren Dach regionale Stammtische zum Thema Wissensmanagement veranstaltet werden. Aktuelle Veranstaltungen werden in der Regel hier angekündigt.

- **www.wissenmanagen.net**

Internetseite des Bundeswirtschaftsministeriums (BMWI), auf der u.a. Beispiele guter Praxis im Wissensmanagement aufgeführt sind. Ferner erscheinen hier Veranstaltungsankündigungen zum Thema.

- **www.community-of-knowledge.de**

Eine auf Wissensmanagement spezialisierte Internetplattform, die ein gutes Informationsangebot zu allen Aspekten bereithält.

- **www.knowtech.net**

Die wohl größte deutschsprachige Kongressmesse zum Thema Wissensmanagement. Obwohl der Titel der Messe und auch der Veranstalter (Bundesverband Informationswirtschaft Telekommunikation und neue Medien e.V., Bitkom) einen Technologieschwerpunkt vermuten lassen, wird Wissensmanagement hier ganzheitlich behandelt.

- **www.wissensmanagement.net**

Seite der Zeitschrift „Wissensmanagement – Das Magazin für Führungskräfte", der einzigen Zeitschrift, die sich ausschließlich diesem Thema widmet.

- **www.arbeitskreis-wissensmanagement.org**

Ein sehr aktiver Arbeitskreis im Raum Karlsruhe, der jährlich ein fachlich interessantes Symposium ausrichtet. Das Veranstaltungsprogramm findet sich auf dieser Seite.

- **www.the-new-club-of-paris.org**

Der New Club of Paris (NCP) ist dem „Club of Rome" nachempfunden und will durch Konferenzen, Seminare, Studien und durch die Unterstützung von Arbeiten von (Nachwuchs-)Wissenschaftlern den Übergang in die Wissensgesellschaft und insbesondere in die Wissensökonomie begleiten.

- **www.xing.de**

Auch einige der oben aufgeführten Seiten verfügen über Diskussionsforen. Darüber hinaus gibt es auf der Plattform www.xing.de gleich zwei Foren/Guppen (Knowledge Management und Wissensmanagement), in denen über das Thema gut informiert und diskutiert wird.

Literaturverzeichnis

Bullinger, Hans-Jörg: Arbeit der Zukunft. Stuttgart 2001

Bundesministerium für Wirtschaft und Arbeit: Wissensbilanz – Made in Germany. 2. Auflage, Berlin 2005

CEN/ISSS: Europäischer Leitfaden zur erfolgreichen Praxis im Wissensmanagement. Brüssel 2004

Drucker, Peter: Die Kunst des Managements. München 2000

Lessel, Wolfgang: Projektmanagement. 3. Auflage, Berlin 2007

Nonaka, Ikujiro / Takeuchi, Hirotaka: Die Organisation des Wissens. Frankfurt am Main 1997

North, Klaus: Wissensorientierte Unternehmensführung. Wiesbaden 1998

Probst, Gilbert / Raub, Stefan / Romhardt, Kai: Wissen managen: Wie Unternehmen ihre wertvollste Ressource optimal nutzen. 4. Auflage. Wiesbaden 2003

Senge, Peter: Die fünfte Disziplin. Kunst und Praxis der lernenden Organisation. Stuttgart 1997

Vollmar, Gabriele: Knowledge Gardening. Bielefeld 2007

Wilke, Helmut: Systemisches Wissensmanagement. 2. Auflage. Stuttgart 2001

Stichwortverzeichnis

Alle mal herhören!

Dieses Hörbuch ist für jeden im Job unentbehrlich, denn Projektmanagement wird heutzutage fast in allen Bereichen erforderlich. In unterhaltsamen 140 Minuten erfahren die Hörer/innen, wie sie sowohl kleinere Projekte strukturieren als auch in großen Projekten mit den professionellen Instrumenten arbeiten können.

Wolfgang Lessel/Thomas Ruf
Projektmanagement
Audio-CDs (2), Laufzeit 140 min
ISBN 978-3-589-24118-7

Weitere Informationen zu POCKET BUSINESS erhalten Sie im Buchhandel oder unter **www.cornelsen.de/berufskompetenz**

Cornelsen Verlag
14328 Berlin
www.cornelsen.de

Cornelsen